"十三五"期间黑龙江省生态环境状况研究

陈 威 李 博 李经纬 主编

中国环境出版集团·北京

图书在版编目（CIP）数据

"十三五"期间黑龙江省生态环境状况研究/陈威，李博，李经纬主编. —北京：中国环境出版集团，2023.3
　ISBN 978-7-5111-5223-7

　Ⅰ．①十… Ⅱ．①陈…②李…③李… Ⅲ．①生态环境—研究—黑龙江省—2016-2020 Ⅳ．①X321.235

　中国版本图书馆 CIP 数据核字（2022）第 135966 号

出 版 人　武德凯
责任编辑　张　倩
封面设计　岳　帅

出版发行　中国环境出版集团
　　　　　（100062　北京市东城区广渠门内大街 16 号）
　　　　　网　　　址：http://www.cesp.com.cn
　　　　　电子邮箱：bjgl@cesp.com.cn
　　　　　联系电话：010-67112765（编辑管理部）
　　　　　发行热线：010-67125803，010-67113405（传真）
印　　刷　北京建宏印刷有限公司
经　　销　各地新华书店
版　　次　2023 年 3 月第 1 版
印　　次　2023 年 3 月第 1 次印刷
开　　本　787×1092　1/16
印　　张　18
字　　数　364 千字
定　　价　135.00 元

中国环境出版集团郑重承诺：
中国环境出版集团合作的印刷单位、材料单位均具有中国环境标志产品认证。

编 委 会

前言

"十三五"期间，黑龙江省深入学习习近平生态文明思想，坚决贯彻落实党的十九大和十九届二中、三中、四中、五中全会精神以及中央经济工作会议、全国生态环境保护工作会议精神，在黑龙江省委、省政府的坚强领导下，全省生态环境保护取得了历史性成就，污染防治攻坚战阶段性目标全部实现，蓝天、碧水、净土、原生态、美丽乡村五大保卫战硕果累累；人民群众高度关注的生态环境民生问题得到有效解决；全力应对近 20 年来全国尾矿库中泄漏量最大、应急处置难度最高的"3·28"伊春鹿鸣矿业尾矿库泄漏突发环境事件，并被生态环境部评价为"突发环境事件应对的成功范例"；面对突如其来的新冠肺炎疫情精准施策，全省生态环境质量未受新冠肺炎疫情及次生灾害影响。5 年来，黑龙江省全面完成了省以下生态环境监测机构垂直管理改革，生态环境监测队伍力量实现历史性发展；监管执法不断深化，监测能力大幅提升，科技支撑有效发力，生态环境治理专项资金得到有效保障，生态环境治理体系和治理能力逐步向现代化迈进。

《"十三五"期间黑龙江省生态环境状况研究》运用全省空气、水、土壤、声环境、水生生物、生态、农村、工业、国民经济和社会发展等监测、统计数据，结合黑龙江省地域特点和区域环境问题，通过对比 10 年间的环境质量变化情况，全面、准确、客观地分析全省污染源排放状况、环境质量影响因素、污染指标变化规律、环境质量达标情况等，运用环境库兹涅茨曲线（简称 EKC 曲线）、斯皮尔曼相关系数和灰色关联度模型，分析气候、人口、经济、农业、林业、社会活动等与生态环境质量之间的关系，并围绕秋冬季大气污染、地表水环境本底、黑土地保护等富有地方特色的领域开展专题研究，创新性地利用随机森林算法、灰色系统理论预测全省"十四五"期间环境质量发展趋势，深入总结全省 5 年来存在的主要环境问题，有针对性地提出对策建议，为生态环境管理部门宏观决策提供支撑、引领、服务。

本书共五篇十八章。第一篇简述了黑龙江省的自然环境和社会经济概况，总结了"十三五"期间生态环境保护及环境监测工作；第二篇阐述了污染源状况；第三篇运用现状和趋势评价分析方法，评价各环境要素生态环境质量状况，开展相关专题研究，并从生态环境质量、气候、人口、经济、农业、林业和社会活动等方面入手，运用 EKC 曲线、斯皮尔曼相关系数和灰色关联度模型进行生态环境质量关联分析；第四篇基于随机森林算法和灰色系统理论，预测全省"十四五"期间生态环境质量的变化趋势；第五篇围绕全省生态环境地方专篇阐述相关专项工作。

本书的编写得到了有关单位（部门）的大力支持和协助，在此表示感谢。

编委会

2021 年 10 月

摘要

　　"十三五"期间，黑龙江省以习近平生态文明思想为指引，坚决贯彻落实党中央、国务院对生态文明建设和生态环境保护的重大战略部署，特别是经过 3 年的污染防治攻坚战，全省生态环境质量持续改善，主要污染物排放总量大幅减少，"十三五"生态环境约束性指标和碳强度下降目标提前超额完成。全省及各市（地）优良天数比例呈上升趋势、重度及以上污染天数呈下降趋势；与"十二五"末相比，全省河流达到功能区要求的达标率和Ⅰ～Ⅲ类水质比例均呈上升趋势，地市级饮用水水源地达标率和水量达标率也都呈上升趋势，县级饮用水水源地总体水质有所好转；全省土壤环境质量总体较好，未发生明显土壤环境污染累积；主要城市地下水水位基本稳定，水质总体稳中趋好；全省声环境质量总体保持稳定且有好转的趋势；全省生态质量状况保持良好，土地中度、重度侵蚀面积减少，土壤质量遭受胁迫的程度降低；全省农村环境质量总体保持稳定，农村环境质量综合状况较好，适合农村居民生产和生活；全省辐射环境质量总体良好，电磁辐射水平总体无明显变化。

　　区域生态环境的变化往往受自然、社会、经济等多因子综合作用影响，采用 EKC 曲线描述经济增长与环境污染水平的演进关系，其结果表明：黑龙江省的经济发展与环境污染排放不完全符合倒 U 形曲线特征，随着黑龙江省对环境污染治理力度的加强以及资源整合、产业结构调整、循环经济不断发展、环境保护资金大力投入，在全省人均 GDP 增长的情况下，环境质量不断改善，总体上全省污染物排放量上升到一定阶段后呈下降趋势。运用斯皮尔曼评估污染物排放和能源消耗，以及污染物排放和环境质量两者间的相关性，得出燃料煤消耗量与工业源污染排放呈负相关的关系，这一结果表明，全省散煤治理、小锅炉淘汰和工业锅炉脱硫脱硝除尘等达标排放政策实施对污染物排放控制成效显著；工业源废气排放成为制约全省环境空气质量的主要因素，除控制工业源颗粒物的直接排放外，还应重点关注工业源二氧化硫和氮氧化物排放所造成的次生颗粒物污染。利用灰色关联分析法探索不同影响因素指标与生态环境质量的具体关联度，在人口、林业、经济、气候、交通和农业因素中，人口和林业因素对环境空气、地表水环境、土壤环境和生态质量的影响均较大。

为精准预测"十四五"时期全省生态环境质量的变化，本书创新性地采用随机森林算法预测2021—2025年全省环境空气和水环境主要污染物年平均浓度。预测结果表明，2021—2025年，环境空气主要污染物（PM_{10}、$PM_{2.5}$、NO_2、SO_2、CO、O_3-8h）年平均浓度均呈下降趋势，"十四五"末（2025年）预测值（单位：$\mu g/m^3$）：PM_{10}（41.19）、$PM_{2.5}$（25.76）、NO_2（16.67）、SO_2（9.26）、CO（1.04）和O_3-8h（99.35），较"十三五"末（2020年）分别下降10.5%、8.3%、7.4%、15.8%、5.4%和7.1%；水环境主要污染物（高锰酸盐指数、氨氮、化学需氧量和总磷）年平均值下降趋势明显，未来5年黑龙江省水环境质量状况将逐年提高。基于灰色系统理论对"十四五"期间全省声环境质量进行预测，其模型预测结果：2021—2025年，鸡西市、伊春市、七台河市和牡丹江市道路交通声环境评级为一级，齐齐哈尔市和大庆市道路交通声环境由二级降为三级，道路交通声环境质量有所变差；鹤岗市道路交通声环境质量为二级。另外，应用灰色系统理论对全省"十四五"时期污染物排放进行预测，在原有数据充足的情况下，2020—2024年，化学需氧量、氨氮、二氧化硫、氮氧化物和颗粒物排放量均呈明显的下降趋势，其中二氧化硫排放量下降速度最为显著。"十四五"期间黑龙江省污染物排放呈下降趋势。

针对全省秋冬季节重点区域大气污染问题以及"十三五"时期特色亮点工作进行了深入研究，通过对"哈大绥"区域颗粒物组分监测分析阐明了区域的污染水平、特征及其主要来源。研究表明，"哈大绥"区域采暖季空气质量较差，不利的气象条件导致了重污染天气的发生，污染主要源于燃煤和秸秆焚烧。通过秋冬季全省气象条件对大气污染的影响分析可知，风速增大有利于污染物扩散（污染传输），相对湿度变大会促进新的颗粒物生成。气温下降时，全省受大陆冷高压控制，下沉气流和夜间逆温情况较严重，因此降温过程多出现一定的污染物浓度升高，但在个别时期，冷空气的清除作用也占据主导地位。"十三五"期间，对全省流域内11条河流30个断面41个点位和5个湖库10个点位开展水生态质量监测并运用水生态综合指数进行评价，结果显示，松花江流域水生态质量相对较好，生态质量状况稳定且总体处于"良好"态势。

在坚决打好污染防治攻坚战的"十三五"期间，黑龙江省生态环境保护事业取得了长足发展。在深入打好污染防治攻坚战的"十四五"时期，黑龙江省生态环境保护的壮美画卷正铺展开来！

目录

第四篇 生态环境质量关联分析及"十四五"预测

第五篇 区域性环境研究

第一篇

黑龙江省概况

第一章 自然经济社会概况

1.1 自然环境

1.1.1 地理特征

黑龙江省位于我国东北部，是我国位置最北、最东、纬度最高的省份，西起 121°11′E，东至 135°05′E，南起 43°26′N，北至 53°33′N，东西跨约 14 个经度，南北跨约 10 个纬度。北部、东部与俄罗斯隔江相望，西部与内蒙古自治区相邻，南部与吉林省接壤。全省土地总面积为 47.3 万 km² （含加格达奇区和松岭区），居全国第 6 位。边境线长 2 981.3 km，是亚洲与太平洋地区陆路通往俄罗斯和欧洲大陆的重要通道，是我国陆路边界开放的重要窗口。

1.1.2 地形地貌

黑龙江省地貌特征为"五山一水一草三分田"。地势大致是西北部、北部和东南部高，东北部、西南部低，主要由山地、台地、平原和水面构成。西北部为东北—西南走向的大兴安岭山地，北部为西北—东南走向的小兴安岭山地，东南部为东北—西南走向的张广才岭、老爷岭、完达山脉。兴安山地与东部山地的山前为台地，东北部为三江平原（包括兴凯湖平原），西部是松嫩平原。黑龙江省山地海拔高度大多为 300～1 000 m，面积约占全省总面积的 58.0%；台地海拔高度为 200～350 m，面积约占全省总面积的 14.0%；平原海拔高度为 50～200 m，面积约占全省总面积的 28.0%。

1.1.3 水文与气象

（1）水文

黑龙江省境内水系发达，主要有四大水系和四大湖泊，黑龙江、松花江、乌苏里江和绥芬河为四大水系，四大湖泊为镜泊湖、五大连池、连环湖及兴凯湖。其中黑龙江、乌苏里江为国际界河，兴凯湖为国际界湖，绥芬河直接流入日本海，松花江贯穿全省。全省流域面积为 1 000～10 000 km² 的河流有 93 条，其中 5 000 km² 以上的河流有 27 条，

10 000 km² 以上的河流有 18 条。

（2）气象

黑龙江省属于寒温带与温带大陆性季风气候。全省从南向北，依温度指标可分为中温带和寒温带。从东向西，依干燥度指标可分为湿润区、半湿润区和半干旱区。全省气候的主要特征是春季低温干旱，夏季温热多雨，秋季易涝早霜，冬季寒冷漫长，无霜期短，气候地域性差异大。

黑龙江省降水表现出明显的季风性特征。夏季受东南季风的影响，降水充沛；冬季在干冷西北风的控制下，干燥少水。

1.1.4 自然资源

（1）水资源

黑龙江省境内江河湖泊众多，有黑龙江、乌苏里江、松花江和绥芬河四大水系，现有流域面积为 50.0 km² 及以上河流 2 881 条，总长度为 9.21 万 km；现有常年水面面积为 1.0 km² 及以上湖泊 253 个，其中，淡水湖 241 个、咸水湖 12 个，水面总面积为 3 037.0 km²（不含跨国界湖泊境外面积）。主要湖泊有兴凯湖、镜泊湖、连环湖等。

（2）土地资源

黑龙江省土地总面积为 47.3 万 km²（含加格达奇区和松岭区，两区面积共 1.8 万 km²），占全国土地面积的 4.9%，居全国第 6 位。

全省农用地面积为 4 141.3 万 hm²，建设用地面积为 165.1 万 hm²，未利用地面积为 400.5 万 hm²。

全省耕地面积为 1 592.2 万 hm²，园地面积为 4.5 万 hm²，林地面积为 2 323.9 万 hm²，草地面积为 202.6 万 hm²，城镇村及工矿用地面积为 124.3 万 hm²，交通运输用地面积为 60.0 万 hm²，水域及水利设施用地面积为 218.2 万 hm²，其他土地面积为 181.2 万 hm²。黑龙江省土地面积占比情况详见图 1-1。

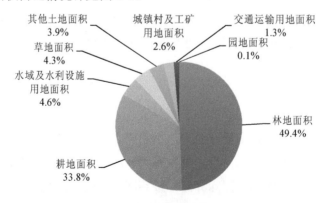

图 1-1 黑龙江省土地面积占比情况

（3）森林资源

黑龙江省森林覆盖率为 47.3%，森林蓄积量为 22.4 亿 m^3。黑龙江省的森林植被集中分布在大兴安岭、伊春、虎林等山区，树种类型多为阔叶混交林或阔叶纯林，也伴有针阔混交林和少量的针叶林纯种。大兴安岭地区的森林覆盖率为 84.9%；伊春市的森林覆盖率为 86.9%，位居全国第一。

（4）草原资源

根据全国第二次土地资源调查数据，黑龙江省草地面积为 207.1 万 hm^2，占全省土地总面积的 4.4%。其中，天然草地为 107.1 万 hm^2、人工草地为 3.6 万 hm^2、其他草地为 96.4 万 hm^2，主要分布在松嫩平原。黑龙江省松嫩平原草地面积为 102.0 万 hm^2，占全省草地总面积的 49.2%。草地类型以草甸类草地和干草地为主，草地植被覆盖度平均为 70.0%，以羊草、星星草、野古草、针茅、冰草等为主要优势种。三江平原草地面积为 30.3 万 hm^2，草地类型以草甸类草地和沼泽类草地为主，草地植被覆盖度达到 85.0%，以中生和湿生的小叶章、狭叶甜茅、苔草等为主要优势种。区域内的虎林市月牙湖国家级草地类自然保护区是黑龙江省唯一草地类自然保护区，保护区面积为 0.5 万 hm^2，是典型的沼泽类草地。黑龙江省北部、东部山区半山区草地面积为 74.8 万 hm^2，主要分布在大小兴安岭林区，主要为林间草地。

（5）湿地资源

黑龙江省是湿地大省，天然湿地面积达 556.0 万 hm^2，居全国第 4 位，占全国天然湿地的 1/7，主要分布在松嫩、三江两大平原和大小兴安岭，有着面积大、类型多、资源独特、生态区位重要等特点，是丹顶鹤、东方白鹳等珍稀水禽的重要繁殖栖息地和迁徙停歇地。目前，全省已建成湿地类型自然保护区 87 个，其中国家级 23 个，省级 64 个，拥有扎龙、三江、洪河、兴凯湖、珍宝岛、七星河、南瓮河、东方红 8 个国际重要湿地；建立了 58 个国家湿地公园，其中国家级 41 个，省级 17 个。

（6）矿产资源

黑龙江省矿产资源种类较全，分布广泛又相对集中。例如，石油、天然气主要集中在松辽盆地的大庆一带；煤炭则分布在东部的双鸭山、鸡西、鹤岗和七台河等地；黑色金属矿产、有色金属矿产主要分布于大兴安岭、小兴安岭、双鸭山和哈尔滨一带；贵金属矿产分布在黑河、大兴安岭、伊春、牡丹江等地。

黑龙江省共发现各类矿产 135 种（含亚矿种，下同），其中具有查明资源储量矿产 84 种，占全国 230 种具有查明资源储量矿产的 36.5%。84 种矿产分为四大类，其中能源矿产有 6 种，金属矿产有 28 种（黑色金属矿产 3 种，有色金属矿产 11 种，贵金属矿产 6 种，稀有、稀土、分散元素矿产 8 种），非金属矿产有 48 种（冶金辅助原料非金属矿产 7 种，化工原料非金属矿产 6 种，建材及其他非金属矿产 35 种），水气矿产有 2 种。尚未查明资源储量矿产有 51 种。

1.2 社会经济

1.2.1 行政区划

黑龙江省现辖 12 个地级市、1 个地区（合计 13 个地级行政区划单位），125 个县、市（市辖区），省会是哈尔滨。行政区划详见表 1-1。

表 1-1 黑龙江省行政区划

行政区划	县、市（市辖区）
哈尔滨市	道里区、南岗区、道外区、平房区、松北区、香坊区、呼兰区、阿城区、尚志市、五常市、双城区、宾县、依兰县、方正县、巴彦县、木兰县、通河县、延寿县
齐齐哈尔市	龙沙区、建华区、铁锋区、昂昂溪区、碾子山区、富拉尔基区、梅里斯达斡尔族区、讷河市、龙江县、依安县、泰来县、甘南县、富裕县、克山县、克东县、拜泉县
牡丹江市	东安区、阳明区、爱民区、西安区、海林市、宁安市、穆棱市、东宁市、绥芬河市、林口县
佳木斯市	郊区、向阳区、前进区、东风区、同江市、富锦市、抚远市、桦南县、桦川县、汤原县
大庆市	龙凤区、红岗区、大同区、萨尔图区、让胡路区、肇州县、肇源县、林甸县、杜尔伯特蒙古族自治县
鸡西市	鸡冠区、恒山区、滴道区、梨树区、麻山区、城子河区、虎林市、密山市、鸡东县
双鸭山市	尖山区、岭东区、宝山区、四方台区、集贤县、友谊县、宝清县、饶河县
伊春市	伊美区、友好区、金林区、乌翠区、铁力市、嘉荫县、丰林县、南岔县、汤旺县、大箐山县
七台河市	新兴区、桃山区、茄子河区、勃利县
鹤岗市	向阳区、工农区、南山区、兴安区、东山区、兴山区、萝北县、绥滨县
黑河市	爱辉区、北安市、嫩江市、五大连池市、逊克县、孙吴县
绥化市	北林区、肇东市、安达市、海伦市、望奎县、兰西县、青冈县、庆安县、明水县、绥棱县
大兴安岭地区	加格达奇区、松岭区、新林区、呼中区、漠河市、呼玛县、塔河县

1.2.2 人口

根据第七次全国人口普查结果，黑龙江省人口为 31 850 088 人，与第六次全国人口普查的 38 313 991 人相比，减少 6 463 903 人，下降了 16.9%，年平均增长率为−1.8%。全省人口中，0～14 岁人口为 3 286 466 人，占 10.3%；15～59 岁人口为 21 167 932 人，占 66.5%；60 岁及以上人口为 7 395 690 人，占 23.2%，其中 65 岁及以上人口为 4 972 868 人，占 15.6%。与第六次全国人口普查相比，0～14 岁人口的比重下降 1.6%；15～59 岁人口的比重下降 8.6%；60 岁及以上人口的比重上升 10.2%，其中 65 岁及以上人口的比重上升 7.3%。2020 年年末黑龙江省常住人口基本情况详见表 1-2。

表 1-2　2020 年年末黑龙江省常住人口基本情况

行政区划	人口数/人	行政区划	人口数/人
哈尔滨市	10 009 854	佳木斯市	2 156 505
齐齐哈尔市	4 067 489	七台河市	689 611
鸡西市	1 502 060	牡丹江市	2 290 208
鹤岗市	891 271	黑河市	1 286 401
双鸭山市	1 208 803	绥化市	3 756 167
大庆市	2 781 562	大兴安岭地区	331 276
伊春市	878 881		

全省 13 个城市（地区）的人口中，居住在城镇的人口 20 897 694 人，占 65.6%；居住在乡村的人口 10 952 394 人，占 34.4%。与第六次全国人口普查相比，城镇人口减少 426 021 人，乡村人口减少 6 037 882 人，城镇人口比重上升 10.0%。

1.2.3　经济

2020 年全省实现地区生产总值（GDP）13 698.5 亿元，按可比价格计算，比上年增长 1.0%。从三次产业看，第一产业增加值 3 438.3 亿元，比上年增长 2.9%；第二产业增加值 3 483.5 亿元，比上年增长 2.6%；第三产业增加值 6 776.7 亿元，比上年下降 1.0%。三次产业结构比为 25.1∶25.4∶49.5。2016—2020 年地区生产总值及其增长速度详见图 1-2，2016—2020 年三次产业增加值占地区生产总值比重详见图 1-3。

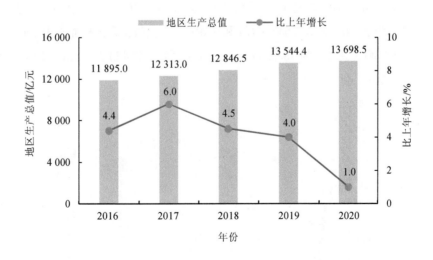

图 1-2　2016—2020 年地区生产总值及其增长速度

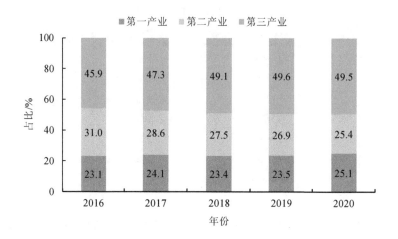

图 1-3　2016—2020 年三次产业增加值占地区生产总值比重

（1）农业

①农林牧渔业。2020 年全省实现农林牧渔业总产值 6 438.2 亿元，按可比价格计算，比上年增长 2.8%。其中，种植业产值为 4 044.1 亿元，比上年增长 1.4%；林业产值为 192.4 亿元，比上年增长 4.7%；畜牧业产值 1 913.0 亿元，比上年增长 5.2%；渔业产值 115.6 亿元，比上年增长 3.9%；农林牧渔专业及辅助性活动产值 173.1 亿元，比上年增长 1.3%。

全省综合治理水土流失面积为 4 175.0 km²。农业机械总动力为 6 775.1 万 kW·h，比上年增长 6.5%。农业综合机械化率达 98.0%。

②粮食产量。2020 年全省粮食产量为 7 540.8 万 t，连续 10 年位列全国第一。其中，水稻、玉米和大豆分别为 2 896.2 万 t、3 646.6 万 t 和 920.3 万 t。全省粮食播种面积为 1 443.8 万 hm²，其中，水稻、玉米和大豆分别为 387.2 万 hm²、548.1 万 hm² 和 483.2 万 hm²。2016—2020 年全省粮食产量详见图 1-4。

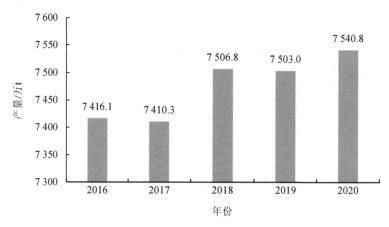

图 1-4　2016—2020 年全省粮食产量

③畜牧业生产。2020 年全省生猪存栏量和出栏量分别为 1 371.2 万头和 1 790.0 万头，比 2016 年分别增长 7.5% 和下降 3.0%；牛和羊出栏量分别为 289.4 万头和 788.7 万只，比 2016 年分别增长 5.5% 和 1.4%。猪肉产量为 143.9 万 t，比 2016 年增长 4.1%；牛肉产量为 48.3 万 t，比 2016 年增长 13.6%；羊肉产量为 13.4 万 t，比 2016 年增长 4.7%；禽肉产量为 46.4 万 t，比 2016 年增长 28.9%；禽蛋产量为 117.4 万 t，比 2016 年增长 10.4%。

④绿色食品。2020 年全省绿色食品（含有机食品）种植面积 8 513.7 万亩，比 2016 年增长 15.1%。绿色食品认证数 2 936 个，比 2016 年增长 33.5%。绿色食品加工企业产品产量 1 699.0 万 t，比 2016 年增长 12.5%；实现产值 1 598.0 亿元，比 2016 年增长 8.0%；实现利税 90.2 亿元，比 2016 年下降 7.1%。绿色食品产业牵动农户 92.3 万户。

⑤经济作物。2020 年全省经济作物播种面积 47.2 万 hm²，比上年增长 9.2%。其中，蔬菜及食用菌播种面积 15.2 万 hm²，比上年增长 3.6%；油料播种面积 4.2 万 hm²，比上年下降 19.0%；瓜果类播种面积 4.0 万 hm²，比上年下降 5.5%；中草药材播种面积 11.8 万 hm²，比上年增长 66.4%。蔬菜及食用菌产量 674.3 万 t，比上年增长 2.9%；油料产量 12.3 万 t，比上年增长 7.0%；瓜果类产量 132.6 万 t，比上年增长 0.6%。

⑥脱贫攻坚。2020 年全省现行标准下，62.5 万建档立卡农村贫困人口全部脱贫，20 个国家级和 8 个省级贫困县全部摘帽、1 778 个贫困村全部出列，其中深度贫困县 3 个、深度贫困村 107 个。

（2）工业

①工业生产。2020 年全省规模以上工业企业 3 583 家，比上年增长 9.6%。全省规模以上工业增加值比上年增长 3.3%。从重点行业看，装备工业比上年增长 13.5%，石化工业比上年增长 10.5%，能源工业持平，食品工业比上年增长 2.0%。其中，通用设备制造业比上年增长 38.7%，汽车制造业比上年增长 35.5%，石油、煤炭及其他燃料加工业比上年增长 14.9%，农副食品加工业比上年增长 4.7%。从产品产量看，在重点统计的工业产品中，增长较快的有：锂电池 14 332.1 万只，比上年增长 49.9 倍；化学药品原药 12 955.2 万 t，比上年增长 79.5%；发电机组 1 806.8 万 kW，比上年增长 63.0%；发动机 3 680.7 万 kW，比上年增长 54.5%；汽车用发动机 2 930.0 万 kW，比上年增长 50.4%；生物乙醇 50.0 万 t，比上年增长 43.5%；汽车 71 691 辆，比上年增长 38.5%；兽用疫苗 2 092.5 万瓶，比上年增长 37.7%；铜金属含量 20.0 万 t，比上年增长 36.2%。2020 年主要工业产品产量及其增长速度详见表 1-3。

表 1-3 2020 年主要工业产品产量及其增长速度

名称	产量	增幅/%	名称	产量	增幅/%
原煤/万 t	5 206.3	1.5	初级形态塑料/万 t	247.1	4.6
原油/万 t	3 001.0	-2.9	石墨烯/t	1.3	-38.1
天然气/亿 m³	46.8	2.4	化学药品原药/万 t	12 955.2	79.5
原油加工量/万 t	1 643.3	10.3	中成药/万 t	3.6	-0.4
汽油/万 t	533.5	2.3	兽用疫苗/万瓶	2 092.5	37.7
柴油/万 t	317.7	-6.7	橡胶轮胎外胎/万条	414.3	-3.0
焦炭/万 t	1 062.7	-1.2	硅酸盐水泥熟料/万 t	1 347.2	19.0
发电量/亿 kW·h	1 083.5	1.2	水泥/万 t	2 376.5	10.4
生物乙醇/万 t	50.0	43.5	平板玻璃/万重量箱	399.1	-0.9
铜金属含量/万 t	20.0	36.2	石墨及碳素制品/万 t	53.0	14.3
钼精矿折合量（折纯钼45%）/万 t	2.2	-40.7	生铁/万 t	863.1	7.8
大米/万 t	1 352.1	15.1	粗钢/万 t	986.5	10.1
饲料/万 t	619.8	20.0	钢材/万 t	879.0	12.3
精制食用植物油/万 t	55.8	-2.8	铝材/万 t	14.9	-3.3
鲜、冷藏肉/万 t	89.1	-16.2	电站锅炉/万蒸发量吨	5.1	-19.1
液体乳/万 t	123.9	-4.0	发动机/万 kW	3 680.7	54.5
固体及半固体乳制品/万 t	41.1	5.4	汽车用发动机/万 kW	2 930.0	50.4
婴幼儿配方乳粉/万 t	22.0	-7.2	电站用汽轮机/万 kW	1 133.5	13.1
白酒（折65度）/万 kL	11.5	-17.2	金属切削机床/台	358.0	-15.0
啤酒/万 kL	128.5	-36.9	金属轧制设备/万 t	4.9	-57.7
饮料/万 t	212.5	-38.4	工业机器人/套	208.0	-42.2
卷烟/亿支	384.7	0.6	汽车/辆	71 691.0	38.5
亚麻布（含亚麻≥55%）/万 m	2 389.0	9.4	新能源汽车/辆	3 232.0	-6.3
人造板/万 m³	25.1	-40.0	铁路货车/辆	9 186.0	-31.2
家具/万件	238.6	15.4	发电机组/万 kW	1 806.8	63.0
机制纸及纸板/万 t	31.9	-4.5	锂电池/万只	14 332.1	49.9 倍
纸制品/万 t	33.8	-17.6	集成电路/万块	26 475.0	-22.0
乙烯/万 t	131.1	1.8	电工仪器仪表/万台	185.8	-47.3
合成氨/万 t	48.6	1.8	汽车仪表/万台	320.8	0.1
农用氮、磷、钾化学肥料/万 t	49.7	20.1			

数据来源：《2020 年黑龙江省国民经济和社会发展统计公报》。

②工业效益。2020 年全省规模以上工业企业营业收入 9 825.8 亿元，比 2016 年下降 12.0%；营业成本 8 392.4 亿元，比 2016 年下降 12.5%；利润总额 279.1 亿元，比 2016 年增长 14.4%；资产总计 17 074.9 亿元，比上年增长 4.3%。全省规模以上工业企业每百元营业收入中的成本为 85.4 元，比上年增加 3.1 元。

（3）投资

①固定资产投资。2020 年全省固定资产投资完成额比上年增长 3.6%。从三次产业看，第一产业投资比上年增长 1.2 倍；第二产业投资比上年下降 0.8%，其中工业投资比上年增长 0.3%；第三产业投资比上年增长 1.7%。从隶属关系看，中央投资比上年下降 15.0%；地方投资比上年增长 8.0%。从经济类型看，国有控股投资比上年增长 5.9%；民间投资比上年增长 0.9%；外商及港澳台投资比上年增长 9.4%。全省基础设施投资比上年增长 4.4%。社会领域投资比上年增长 23.4%，其中卫生和社会工作投资比上年增长 83.2%。

②房地产开发。2020 年全省房地产开发投资 982.9 亿元，比上年增长 2.6%。其中，国有及国有控股投资 205.7 亿元，比上年增长 7.1%；民间投资 739.1 亿元，比上年增长 0.9%；外商及港澳台投资 38.1 亿元，比上年增长 14.6%。商品房销售面积 1 494.4 万 m^2，比上年下降 11.3%，其中住宅销售面积 1 349.9 万 m^2，比上年下降 7.6%。全省棚户区改造开工任务 4.4 万套，实际开工 4.6 万套。

（4）消费

①消费市场。2020 年全省社会消费品零售总额比上年下降 9.1%。按经营地分，城镇消费品零售额比上年下降 9.2%，乡村消费品零售额比上年下降 8.6%。按消费类型分，商品零售额比上年下降 7.1%，餐饮收入额比上年下降 24.2%。

②热销商品。2020 年全省限额以上单位商品零售额中，电子出版物及音像制品类比上年增长 46.4%，通信器材类比上年增长 24.8%，饮料类比上年增长 21.3%，文化办公用品类比上年增长 18.1%，粮油、食品类比上年增长 17.2%，煤炭及其制品类比上年增长 16.2%，棉麻类比上年增长 8.3%，家用电器和音像器材类比上年增长 5.5%，体育、娱乐用品类比上年增长 4.3%，金银珠宝类比上年增长 0.2%。

③网上零售。2020 年全省实物商品网上零售额比上年增长 13.4%，占全省社会消费品零售总额的 8.2%，比上年提高 1.6 个百分点。

（5）对外贸易

2020 年全省实现进出口总值 1 537.0 亿元，比 2016 年增长 37.4%。其中，出口 360.9 亿元，比 2016 年增长 16.1%；进口 1 176.1 亿元，比 2016 年增长 45.5%。从贸易方式看，一般贸易进出口 1 205.9 亿元，比 2016 年增长 61.2%；边境小额贸易进出口 183.3 亿元，比 2016 年下降 5.1%；加工贸易进出口 83.6 亿元，比 2016 年下降 37.1%。从企业性质看，国有企业进出口 804.6 亿元，比 2016 年增长 57.4%；民营企业进出口 598.8 亿元，比

2016 年增长 32.1%；外商投资企业进出口 116.3 亿元，比 2016 年下降 21.9%。

2020 年全省机电产品出口 157.3 亿元，比上年增长 7.6%，占全省出口总额的 43.6%；高新技术产品出口 52.7 亿元，比上年增长 69.4%，占全省出口总额的 14.6%。

（6）招商引资

2020 年全省外资投资新设立企业 113 家；合同利用外资 24.2 亿美元，比上年增长 19.2%；实际利用外资 5.4 亿美元，比上年增长 0.2%，其中，第一产业 103.0 万美元，比上年下降 84.3%，第二产业 32 410.0 万美元，比上年增长 12.7%，第三产业 21 921.0 万美元，比上年下降 12.0%。全省新签约千万元及以上利用内资项目 1 080 个，比上年增长 89.5%；实际利用内资 1 221.2 亿元，比上年增长 51.3%。

1.2.4 交通和建筑

（1）交通运输

2020 年全省主要运输方式共完成货运量 5.6 亿 t，比上年下降 3.7%。其中，铁路 12 603.4 万 t，比上年增长 4.4%；公路 35 521.0 万 t，比上年下降 5.6%；水运 537.6 万 t，比上年下降 39.7%；民航 11.6 万 t，比上年下降 17.7%；管道 7 356.6 万 t，比上年下降 2.6%。完成货物周转量 1 918.2 亿 t·km，比上年下降 3.6%，比 2016 年增长 11.8%。其中，铁路 839.6 亿 t·km，比上年增长 3.1%；公路 694.0 亿 t·km，比上年下降 12.7%；水运 51.1 亿 t·km，比上年增长 16.1%；民航 2.6 亿 t·km，比上年下降 11.3%；管道 330.9 亿 t·km，比上年下降 0.8%。全省主要运输方式共完成客运量 1.4 亿人次，比上年下降 56.8%。其中，铁路 4 589.7 万人次，比上年下降 59.1%；公路 7 608.0 万人次，比上年下降 58.2%；水运 98.7 万人次，比上年下降 68.8%；民航 1 644.9 万人次，比上年下降 34.4%。完成旅客周转量 480.3 亿人·km，比上年下降 45.1%。其中，铁路 123.3 亿人·km，比上年下降 57.4%；公路 54.2 亿人·km，比上年下降 61.1%；水运 1 180.3 万人·km，比上年下降 66.7%；民航 302.8 亿人·km，比上年下降 32.1%。年末公路线路里程 16.8 万 km，其中高速公路 4 512.0 km。

（2）民用车量

2020 年年末全省民用汽车保有量 555.8 万辆，比 2016 年增长 40.3%。其中私人汽车保有量 502.2 万辆，比 2016 年增长 45.1%。私人汽车中私人轿车 294.0 万辆，比 2016 年增长 47.7%。

（3）建筑业

2020 年全省建筑业总产值为 358.6 亿元，比上年减少 11.5 亿元，比 2016 年上升 13.4%。建筑业企业单位数为 2 237 家，比上年增加了 387 家，比 2016 年增加 671 家；建筑业从业人员为 23.2 万人，比上年减少 3.8 万人，比 2016 年减少 14.2 万人；建筑业企业人均劳动生产率为 341 327 元，比上年上升 12.4%，比 2016 年上升 33.3%。资质等级三级及以上的建筑业企业共 2 875 家，比上年上升 25.8%，实现主营业务收入 1 392.2 亿元，比上年增长 3.2%。全省房屋施工面积 3 285.3 万 m²，比上年下降 4.2%，比 2016 年下降 34.5%；房屋竣工面积 923.4 万 m²，比上年下降 29.0%，比 2016 年下降 66.4%。

1.2.5　能源

黑龙江省作为国家重要的老工业基地和能源基地，肩负着保障国家能源安全的使命，担负着借助能源发展，助力黑龙江省走出振兴发展新路子的重任。多年来，在国家发展改革委、国家能源局的大力支持与指导下，既有力保障了全国经济发展的能源需求，也有效推动了全省经济社会发展。当前，黑龙江省正在努力做好"三篇大文章"，特别是围绕油头化尾、煤头电尾、煤头化尾、农头工尾推动能源工业优化升级，取得了初步进展。

（1）能源消费量

2020 年全省规模以上工业企业综合能源消费量为 5 608.3 万 t 标准煤，比上年增加 137 万 t 标准煤，增幅 2.5%。能源生产比上年下降 2.0%，能源消费比上年增长 1.6%，能源生产弹性系数为 −0.5%，能源消费弹性系数为 0.4%。

（2）全社会用电量

2020 年全社会用电量 1 014.4 亿 kW·h，比上年增长 1.9%。居民生活用电量 195.2 亿 kW·h，比上年增长 1.3%，其中城镇居民用电量 126.1 亿 kW·h，比上年增长 12.5%，乡村居民用电量 69.1 亿 kW·h，比上年下降 1.6%。行业用电 819.2 亿 kW·h，比上年增长 0.7%，其中第一产业用电量 27.0 亿 kW·h，比上年增长 4.7%，第二产业用电量 608.6 亿 kW·h，比上年增长 1.8%，第三产业用电量 183.6 亿 kW·h，比上年下降 3.3%。

（3）工业用电量

2020 年工业用电量 598.5 亿 kW·h，比上年增长 2.0%，其中采矿业用电量 194.2 亿 kW·h，比上年增长 3.9%，制造业用电量 204.0 亿 kW·h，比上年增长 0.5%，电力、热力、燃气及水生产和供应业用电量 200.3 亿 kW·h，比上年增长 1.6%。分地区规模以上工业企业综合能源消费量详见表 1-4，黑龙江省工业企业综合能源消费量详见图 1-5。

表 1-4　分地区规模以上工业企业综合能源消费量　　　单位：万 t 标准煤

年份 行政区划	2016	2017	2018	2019	2020
全省	5 051.3	5 094.3	5 202.2	5 471.3	5 608.3
哈尔滨市	715.6	609.8	680.0	699.8	743.6
齐齐哈尔市	384.7	390.3	463.5	548.5	547.9
鸡西市	245.9	250.6	250.4	251.6	278.4
鹤岗市	272.1	290.1	323.7	316.3	304.9

年份 行政区划	2016	2017	2018	2019	2020
双鸭山市	402.2	377.0	422.1	383.5	380.7
大庆市	1 658.1	1 714.4	1 637.2	1 772.9	1 807.7
伊春市	161.9	217.5	242.9	299.7	303.4
佳木斯市	138.7	146.2	155.1	155.4	200.7
七台河市	411.9	416.4	448.1	450.1	425.2
牡丹江市	189.5	172.1	161.9	156.9	152.2
黑河市	81.1	78.4	75.9	76.1	86.6
绥化市	234.7	239.8	264.4	260.1	282.3
大兴安岭地区	19.3	16.5	12.5	12.5	12.8

数据来源：黑龙江统计年鉴，部分地区数据省略。

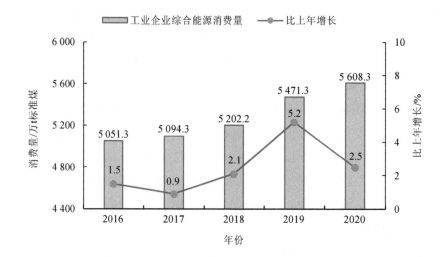

图 1-5 黑龙江省工业企业综合能源消费量

第二章　黑龙江省生态环境保护工作概况

2.1　生态环境保护工作

"十三五"时期，黑龙江省深入践行习近平生态文明思想，坚决贯彻党中央、国务院关于生态文明建设和生态环境保护的重大决策部署，全面建立生态环境保护党政责任体系，省委、省政府召开了 58 次会议、做了 51 件（次）批示、进行了 21 次现场调研部署生态环境保护工作，省、市、县（区）均成立环保委员会，出台污染防治攻坚战考核办法，建立省级领导联系推动体系，各地各部门严格落实"管生产管环保、管发展管环保、管行业管环保"机制，全省"大环保"责任体系全面形成。

2.1.1　生态文明制度体系更加完善

"党政同责""一岗双责"责任体系初步建立。成立以黑龙江省委书记为主任的黑龙江省生态环境保护委员会，建立"省级领导联系推动、牵头部门总体推进、责任主体具体落实"推动体系。制定和实施维护国家生态安全意见、构建现代化环境治理体系实施意见、生态环境保护责任清单等一系列政策和措施。

生态文明政策制度更加完善。建立完善重污染天气应对联防联控、污染防治攻坚战联席会议、河湖长、流域生态补偿、生态环境损害赔偿、定期水质会商、行刑衔接等一系列工作机制、制度，基本实现固定污染源排污许可全覆盖，圆满完成全省第二次全国污染源普查，"三线一单"生态环境分区管控体系初步建立，全省生态环境治理体系的"四梁八柱"初步构建。

生态环境队伍力量实现历史性发展。整合原分散在 5 个部门的环境监管职责，全面完成生态环境管理体制和机构改革重大历史任务，大刀阔斧地推进行政机构改革、监测垂直管理改革、综合行政执法改革，生态环境质量实现省级监测和考核、环保督察实现省级和区域派出双层级推动、监管执法实现省级一条线管理。改革后全省生态环境部门新增机关行政、生态环境执法、生态环境监测队伍编制 1 290 名，总人数达到 5 638 人。"大环保"格局全面构建，一体化监管体系集中发力。

科技及财力支撑有效发力。"水专项"圆满收官，多项成果为松花江流域水环境质量改善提供坚实支撑。深入开展与中国环境科学研究院、哈尔滨工业大学等科研院所对接交流，在水、大气、土壤等领域取得了显著成果。建设运行生态环境大数据信息管控平台，实现生态环境监管可预警、可研判、可溯源。5 年来共争取中央生态环境专项资金 17.77 亿元，推动大气、水、土壤污染防治及农村环境整治等重点领域治理项目 341 个，流域补偿试点扣缴 1.66 亿元、补偿 1.86 亿元。

2.1.2 生态环境得到有效保护

生态环境质量约束性指标全部完成。2020 年，全省环境空气优良天数比例、细颗粒物未达标地级及以上城市浓度分别高于考核目标 4.9%和 16.3%。水环境质量方面，国考断面优良水体比例高于考核目标 14.5%，全面消除劣 V 类水体。土壤环境质量方面，受污染耕地、污染地块安全利用率分别达到 92%、100%，达到国家要求。化学需氧量等 4 项污染物总量减排指标、碳减排指标、森林覆盖率指标、森林蓄积量指标均于 2019 年提前完成。"十三五"生态环境保护 13 项约束性指标全部如期完成目标。

污染防治攻坚战阶段性目标任务高质量完成。组织 13 场标志性战役，统筹推进蓝天、碧水、净土、美丽乡村、原生态五大保卫战。①蓝天保卫战。推进散煤污染治理"三重一改"，淘汰 3 302 台燃煤小锅炉，实现 106 台煤电机组超低排放，整治 1 454 家"散乱污"企业，实施秸秆全域全时段全面禁烧，秸秆综合利用率达 90%以上。②碧水保卫战。突出抓好松花江流域治理，44 个黑臭水体全部得到治理，72 个老工业集聚区实现污水集中处理，43 个县级以上水源保护区环境问题得到全部整治。新增处理能力 77.8 万 t/d，新建改造排水管网 1 750 km，城市污水处理率达 95%。③净土保卫战。全省 125 个县（市、区）全部完成耕地土壤环境质量类别划分，优先保护类占比 99.87%。全面完成重点行业企业用地调查。加强地下水污染防治，全省 2 418 个加油站、9 613 个油罐全部完成改造。④美丽乡村保卫战。完成 1 400 个建制村环境的综合整治，8 967 个行政村垃圾收转运体系实现全覆盖。编制实施全省农村生活污水排放标准和 110 个县域治理专项规划，推进 222 个村屯生活污水处理工程。完成 56.46 万户农村厕所改造。⑤原生态保卫战。小兴安岭—三江平原山水林田湖草生态保护修复工程 65 个项目全部启动实施。持续开展"绿盾"行动，整治自然保护区重点问题 319 个。晋升国家级自然保护区 13 个，新晋省级自然保护区 2 个。自然保护地占全省土地面积的 24.44%。建三江管理局以及虎林市、爱辉区、漠河市获国家生态文明建设示范市（县）的命名和表彰。

生态系统得到保护和修复。生态保护红线初步划定面积占全省总面积的 33.63%。森林覆盖率达 47.3%。湿地保有量 556 万 hm^2，居全国第 4 位，湿地保护率达 48.85%。草地面积 207 万 hm^2，退牧还草 600 hm^2，草原综合植被盖度稳定在 75%以上。重点生物物种种数保护率、珍稀濒危物种保护率均达 95% 以上。重点生态功能区考核成绩优良。

中央环保督察反馈问题整改成效显著。坚持把中央环保督察反馈问题整改作为重大政治任务、重大民生工程、重大发展问题来抓，开展省级环保督察和专项督察，发布预警函 99 份、约谈 30 次、挂牌督办 35 次。哈尔滨市向阳垃圾处理场、小月亮湾垃圾堆放点，以及齐齐哈尔市污泥处置、电石渣污染等生态环境民生问题得到彻底治理。中央环保督察及"回头看"反馈的 116 项问题全部完成整改，转办的 5 613 件信访案件全部办结，严肃追责、问责 1 973 人。

重大突发环境事件有效应对。"3·28"伊春鹿鸣矿业尾矿库泄漏重大突发环境事件发生后，第一时间启动应急响应机制、开展环境应急监测、关闭涉事水源地，环境系统 500 余人 14 天坚守奋战，精准实施"截污削峰""絮凝沉降"两大工程，依吉密河、呼兰河钼浓度全线达标，实现超标污水不进入松花江的应急目标，被生态环境部评价为"突发环境事件应对的成功范例"。

新冠肺炎疫情防控阻击战取得良好成效。第一时间建立疫情防控 7 项机制制度体系，紧盯医疗废物处置等重点领域和关键环节，周密部署环境管理工作。2020 年全省累计处置医疗废物 2.6 万 t，全部实现闭环安全处置。632 个定点医院、集中隔离点污水全部有效处理，投入 4 873 万元支持 17 家医院污水处理设施升级改造。精准实施全省疫情防控环境应急监测，全省生态环境质量未受新冠肺炎疫情影响。

2.1.3　推动高质量发展更加有力

"绿水青山就是金山银山"理念深入人心，生态环境保护引导、优化、倒逼和促进作用明显增强。从源头推动产业结构调整，全省累计退出钢铁产能 675 万 t、煤炭产能 3 133 万 t，培育壮大绿色环保产业，实施城镇污水处理、主要支流治理等 74 个"百大项目"。构建清洁高效能源体系，新能源和可再生能源总装机年均增长 13.3%，清洁能源取暖率超过 50%；实施"气化龙江"战略，天然气消费量年均增长 4.7%。

优化营商环境服务"六稳六保"。出台环评审批服务重大项目 10 项措施。新冠肺炎疫情发生以来，出台优化营商环境 15 项措施、服务企业复工复产支持企业平稳健康发展 16 项措施。2020 年全省 429 个"百大项目"通过环评审批。全面实行包容审慎监管，建立监督执法正面动态清单，实施差异化监管，有力促进经济秩序有效恢复。

2.2　生态环境监测工作概况

党中央、国务院历来高度重视生态环境监测工作，将监测改革纳入全面深化改革总体布局中部署推进，"十三五"期间，中央全面深化改革领导小组连续三年分别审议通过了《黑龙江省生态环境监测网络建设方案》《关于省以下环保机构监测监察执法垂直管理制度改革试点工作的指导意见》《关于深化环境监测改革提高环境监测数据质量的意见》等改革文件，基本搭建形成了环境监测管理和制度体系的"四梁八柱"。生态文明制度和管理体制改革的大力推进，促进了环境监测管理体制、运行机制、网络建设、监督执法等方面的全面改革与创新，生态环境监测成为支撑生态环境管理的"顶梁柱"和"生命线"。"十三五"以来，黑龙江省把习近平生态文明思想作为指导监测事业发展的科学方法，坚决贯彻落实中央大政方针和决策部署，把生态文明建设放在突出位置，坚决扛起统一监测评估职责，从理顺体制机制、健全制度标准、优化监测网络、深化业务体系、强化新技术引领、提升监测能力等方面协同发力，建立健全强有力的推进机制，精准施策，推动构建全省"一盘棋""天地一体化"的"大监测"发展格局，为促进生态环境监测事业蓬勃发展，坚决打好污染防治攻坚战提供了坚强的技术支撑、引领和服务。

2.2.1 生态环境监测体制机制逐步健全

"十三五"时期，在顶层设计上进一步完善政策制度体系，进一步落实生态环境保护的有效措施，生态环境监测的整体性、科学性、系统性明显增强。形成省—市—县三级生态环境监测组织架构，系统内监测机构 92 个（编制 1 678 人），另有社会监测机构 82 个。探索构建三级业务指导模式，总体监测水平大幅提升。加强监测工作规范、人员行为规范、廉政风险防范等管理规章制度建设，推动监测事业规范化发展。开展监测与执法联动，深化部门合作，监测效能得到有力提升。深化生态环境监测改革，积极推进《黑龙江省生态环境监测网络建设方案》、省级以下环境监测垂直管理等有关改革事项，全面上收国家空气和地表水环境质量监测事权，积极推进监测"放管服"改革，鼓励社会监测机构参与自动监测站运行维护、地表水采测分离、手工监测采样测试等工作，形成多元化监测服务供给格局。

2.2.2 生态环境监测与预警网络不断完善

系统构建了统一的全省生态环境监测网络，涵盖大气、水、土壤、声等要素，已建成区域、城市、县级空气质量自动监测站点 131 个，哈尔滨—大庆—绥化三地大气颗粒物组分自动监测网（包括哈尔滨大气监测超级站），酸雨监测点位 34 个；设置地表水国控、省控监测断面 133 个，建成水质自动监测站 51 个；设置土壤环境监测点位 1 442 个，声环境监测点位 3 601 个；开展农村环境质量监测、农村饮用水水源地水质监测、农田灌溉水质监测、农村生活污水处理设施出水水质监测；初步建立"天地一体化"的生态环境状况监测网络，利用生态遥感监测技术手段，为山水林田湖草沙生态保护修复工程提供生态总体状况和限制性指标情况。不断加强全省空气质量精细化预报，实现 13 个城市

7 天空气质量精细化预报和跨部门、省市实时在线会商综合研判。

2.2.3 污染源监测效能日益凸显

以国家总量减排监测体系考核为抓手，不断强化全省污染源监测管理，全面开展国控企业监督性监测，"十三五"期间累计完成国控污染源监督性监测 1 400 余家，合计监测 4 200 余家次。逐步完善污染源的监督管理体系，建设全省污染源监测综合管理平台，规范污染源监测数据传输、联网、发布及应用；推进企业自行监测和信息公开，建设省级自行监测信息公开平台，推动落实排污单位污染源自行监测主体责任。开展重点排污单位污染源监测和监督检查，加强测管协同联动执法和"双随机"抽查机制，严密监控企业污染排放状况，为污染源全面达标排放提供基础保障。

2.2.4 生态环境监测能力不断加强

通过监测垂直管理改革，生态环境监测工作的组织力量、制度保障得到前所未有的巩固和强化，全省监测力量实现系统性、革命性重塑：上收 13 个城市监测机构，新增编制 508 名，省级监测队伍人员编制从 147 名增加到 655 名，其中 7 个监测机构由科级升格到副处级。稳步推进全省各级生态环境监测部门的能力建设，环境监测机构与人员、监测经费、仪器配置、业务能力水平及质量管理各方面软硬件实力得到提升，省生态环境监测中心先后通过国家检验检测机构资质认定（CMA）和生态环境部省级监测站标准化验收。

2.2.5 生态环境监测数据质量保障提高

严格进行质量管理和质控考核。不断强化外部质量监督检查，省生态环境厅与省市场监管局连年联合组织 400 余家次监测机构参加全省监测系统能力验证，进一步规范环境监测机构行为。有序加强全省监测质量管理机制和质控体系建设，统一规范省监测中心、省直管监测中心和省驻各市（地）监测中心各项质量管理和质控措施，不断加强对全省各项监测工作的质量检查、抽测及质控考核，每年组织专家进行全省持证上岗考核，对环境空气、水、土壤、污染源等监测网开展比对抽查，组织开展质控考核、飞行检查；从严从重打击生态环境监测违法行为。

2.2.6 生态环境监测人才培养成果明显

不断适应新时代生态环境保护发展需要，承担国家水专项、生态环境部课题项目、科技部中日 JICA 项目等多项国家级和省级科研项目、行业标准和环保科技项目。完成《黑龙江省辖城市大气颗粒物来源解析技术报告》，成为国内首个以省为单元开展大气颗粒物来源解析探索性工作的省份，《哈尔滨市大气颗粒物来源解析技术报告》通过"两院一部"研究论证，科学解决治霾难题，获得省级科技进步三等奖。完成松花江流域水生生物试点监测项目，出版《黑龙江水环境生物监测体系研究》《松花江流域水生生物图谱》等书籍，构建的生物监测与评价体系已经在其他各省、各大流域推广，起到了较好的率先垂范作用。完成了黑龙江省地表水和地下水环境本底判定研究、黑龙江流域（黑河市境内）天然有机质对水质影响的研究等，解决了困扰黑龙江省多年的水环境质量达标难题。建立"环境质量监测与评价"和"区域环境学"两个省级领军人才梯队。

通过开展"黑龙江省第二届生态环境监测技术人员大比武"和"黑龙江省生态环境监测业务能力提升年活动"，全面促进了人员技术水平的提升，其中"大比武"活动全省共有 23 家单位、90 名参赛选手参加。"十三五"以来，采取针对性强、有效性强的学习和培训形式，共对各级监测部门培训 4 000 余人次。

2.2.7 生态环境监测服务水平有效提升

着力践行监测为民的理念，不断扩大生态环境监测信息公开范围和力度，提高政府环境信息发布的权威性和公信力，保障公众知情权。每年发布全省生态环境状况公报，公开空气质量国控点位实时监测信息、城市空气质量预报信息、城市空气质量状况月报排名、饮用水水源水质状况报告，支持门户网站、手机 App、微信等多种渠道便捷查询，为公众提供健康指引和出行参考。推进国家和地方监测数据联网与综合信息平台建设，支持管理部门、地方政府以及相关科研单位共享应用。强化信息支撑，立足解决信息"孤岛"问题，提升智能治污水平，按照"可预警、可研判、可溯源"原则，整合全省生态环境系统 16 个业务系统（平台），建设生态环境大数据信息管控平台。

2.2.8 生态环境监测支撑效能有力增强

深入开展空气、水、土壤、声等要素环境质量综合分析，不断深化对考核排名、污染解析、预警应急、监督执法的技术支撑。定期开展城市空气和地表水环境质量排名及达标情况分析，督促地方党委和政府落实改善环境质量主体责任。《黑龙江省"十二五"环境质量报告书》被生态环境部评为优秀（一等奖），2017 年度、2018 年度、2019 年度全省生态环境质量报告书评比在全国排名分别为第二名、第六名和第一名。初步建立全省空气污染传输立体激光雷达监测网及"哈大绥"重点区域颗粒物组分监测网，区域污染分析能力有效加强；研发建立全省环境空气质量手机 App，实现全省 13 个城市及76 个县（市、区）空气质量实时预警；开展大范围重污染和扬沙浮尘天气准确预报及空气污染成因监测，基本抓住重污染过程及趋势；开展中俄界河水质联合监测，为我国生态环境外交提供有力技术支撑引领；开展土壤详查样品质控流转，流转样品 3.5 万余个，积极推动土壤风险防控体系建设；开展新冠肺炎疫情防控应急监测，完成全省 56 个地表水断面、86 个饮用水水源地和 13 个城市的空气质量监测。成功应对"3·28"伊春鹿鸣矿业尾矿库泄漏突发环境事件，统筹调集 20 家单位近 500 人的监测力量，先后 8 次优化调整监测方案，出具 1.5 万余条监测数据，绘制 1 500 余张图表，形成 39 期应急监测分析报告，精准把握了污水团移动轨迹和污染物浓度衰减规律，为省应急指挥部门实施"截污削峰""絮凝沉降"两大工程和"斩首行动"提供了重要的决策支撑。

第二篇

污染源状况

第三章 污染物排放状况

本章围绕工业源、农业源、生活源、移动源、集中式污染源等各类污染源，全面分析全省废气和废水主要污染物排放、固体废物排放等现状和"十三五"期间的变化趋势。统计分析结果表明："十三五"期间，废气和废水各项主要污染物排放量及固体废物和危险废物排放量总体下降。本章涉及污染物排放的数据是根据《2016—2019 年生态环境统计年报数据更新工作指南》更新的，其中 2017 年"污染源统计"数据直接采用"二污普"同口径普查数据进行替代更新。

3.1 废气污染排放现状及"十三五"期间的变化趋势

3.1.1 废气主要污染物排放现状及同比变化情况

2019 年全省二氧化硫、氮氧化物和颗粒物排放量与上年相比分别减少 7.6%、2.8%和11.7%。2018—2019 年废气污染物排放情况及年际变化详见图 3-1。

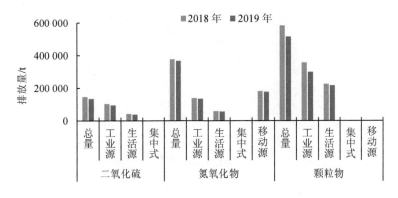

图 3-1 2018—2019 年全省废气主要污染物排放情况及年际变化

（1）全省二氧化硫排放现状

2019 年全省二氧化硫排放量与上年相比减少 7.6%。其中，工业源和生活源排放量与上年相比分别减少 8.4%和 5.8%；集中式治理设施排放量与上年相比有所增加。2019 年全省二氧化硫排放量占比详见图 3-2。

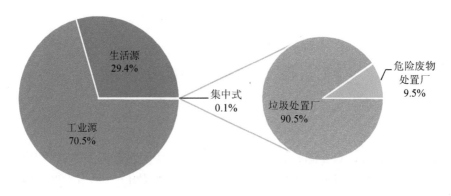

图 3-2 2019 年全省二氧化硫排放量占比

①全省二氧化硫排放区域分布。2019 年全省二氧化硫排放量最大的城市为哈尔滨市，其次是大庆市和齐齐哈尔市，与上年相比无变化。2019 年全省各城市（地区）二氧化硫排放情况详见图 3-3。

图 3-3 2019 年全省各城市（地区）二氧化硫排放情况（单位：t）

②主要排放行业。2019 年全省工业源二氧化硫排放量与上年相比减少 8.4%。二氧化硫排放量较大的行业为电力、热力生产和供应业，非金属矿物制品业及黑色金属冶炼和压延加工业，与上年相比无变化。2019 年全省工业行业二氧化硫排放占比详见图 3-4。

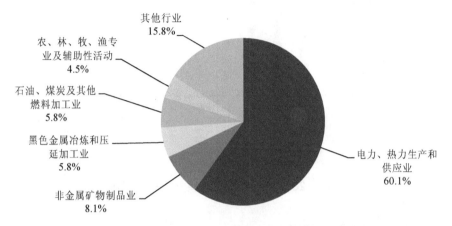

图 3-4 2019 年全省工业行业二氧化硫排放占比情况

③排放强度。七台河市的单位面积二氧化硫排放量最大，其次是大庆市、哈尔滨市、双鸭山市等。七台河市的单位 GDP 二氧化硫排放量最大，其次是双鸭山市、伊春市、大兴安岭地区等。2019 年全省二氧化硫单位面积排放强度详见图 3-5，2019 年全省二氧化硫单位 GDP 排放强度详见图 3-6。

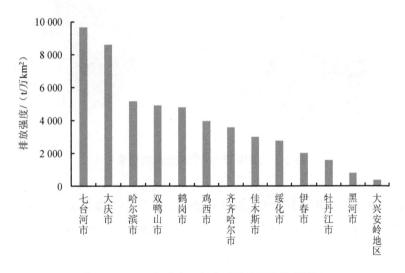

图 3-5 2019 年全省二氧化硫单位面积排放强度

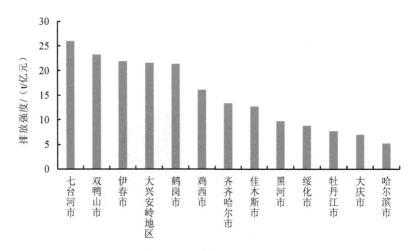

图 3-6　2019 年全省二氧化硫单位 GDP 排放强度

（2）全省氮氧化物排放现状

2019 年全省氮氧化物排放量与上年相比减少 2.8%。其中，工业源、生活源和移动源排放量与上年相比分别减少 3.7%、3.5% 和 1.9%；集中式治理设施排放量与上年相比有所增加。2019 年全省氮氧化物排放量占比详见图 3-7。

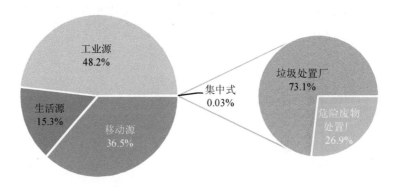

图 3-7　2019 年全省氮氧化物排放量占比

①全省氮氧化物排放区域分布。2019 年全省氮氧化物排放量最大的城市为哈尔滨市，其次是大庆市和齐齐哈尔市，与上年相比无变化。2019 年全省各城市（地区）氮氧化物排放情况详见图 3-8。

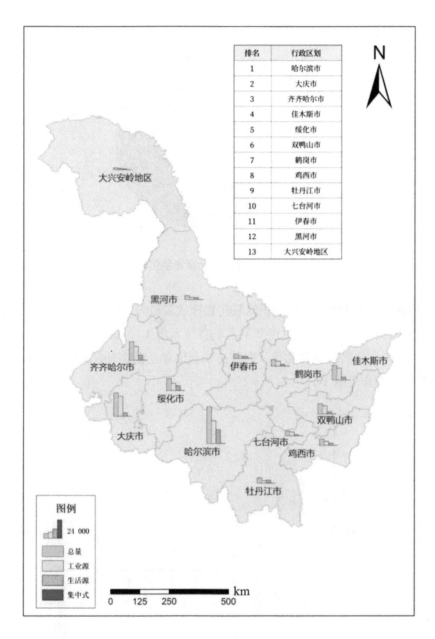

排名	行政区划
1	哈尔滨市
2	大庆市
3	齐齐哈尔市
4	佳木斯市
5	绥化市
6	双鸭山市
7	鹤岗市
8	鸡西市
9	牡丹江市
10	七台河市
11	伊春市
12	黑河市
13	大兴安岭地区

图 3-8　2019 年全省各城市（地区）氮氧化物排放情况（单位：t）

②主要排放行业。2019 年全省工业源氮氧化物排放量与上年相比减少 3.7%。氮氧化物排放量较大的行业为电力、热力生产和供应业，非金属矿物制品业和石油、煤炭及其他燃料加工业，与上年相比无变化。2019 年全省工业行业氮氧化物排放情况详见图 3-9。

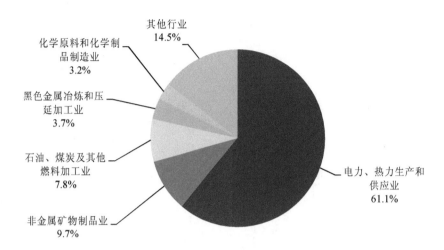

图 3-9　2019 年全省工业行业氮氧化物排放情况

③排放强度。大庆市的单位面积氮氧化物排放量最大，其次是七台河市、哈尔滨市、佳木斯市等。七台河市的单位 GDP 氮氧化物排放量最大，其次是双鸭山市、佳木斯市、鹤岗市等。2019 年全省氮氧化物单位面积排放强度详见图 3-10，2019 年全省氮氧化物单位 GDP 排放强度详见图 3-11。

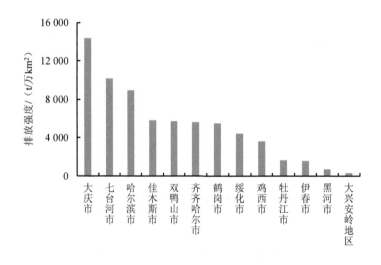

图 3-10　2019 年全省氮氧化物单位面积排放强度

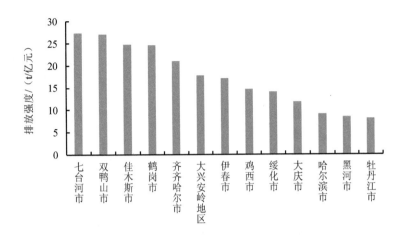

图 3-11 2019 年全省氮氧化物单位 GDP 排放强度

（3）全省颗粒物排放现状

2019 年全省颗粒物排放量与上年相比减少 11.7%。其中，工业源、生活源和移动源排放量与上年相比分别减少 16.7%、3.6%和 27.9%；集中式治理设施排放量与上年相比有所增加。2019 年全省颗粒物排放量占比详见图 3-12。

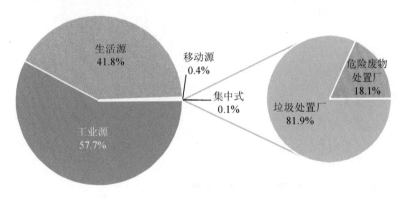

图 3-12 2019 年全省颗粒物排放量占比

①全省颗粒物排放区域分布。2019 年全省颗粒物排放量最大的城市为哈尔滨市，其次是鹤岗市和齐齐哈尔市，与上年相比无变化。2019 年全省各城市（地区）颗粒物排放情况详见图 3-13。

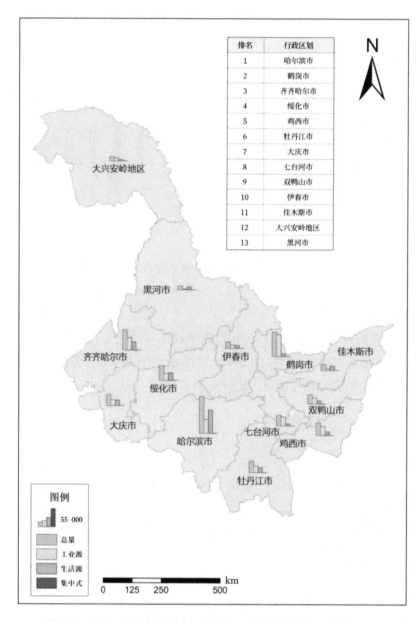

图 3-13　2019 年全省各城市（地区）颗粒物排放情况（单位：t）

②主要排放行业。2019 年全省工业源颗粒物排放量与上年相比减少 16.7%。颗粒物排放量较大的行业为电力、热力生产和供应业，煤炭开采和洗选业及非金属矿物制品业，与上年相比无变化。2019 年全省工业行业颗粒物排放情况详见图 3-14。

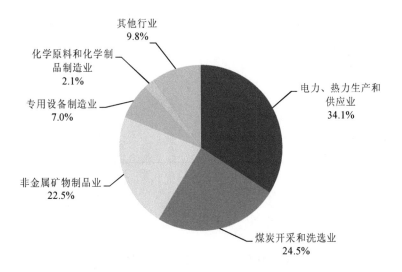

图 3-14　2019 年全省工业行业颗粒物排放情况

③排放强度。七台河市的单位面积颗粒物排放量最大，其次是鹤岗市、哈尔滨市、鸡西市等。鹤岗市的单位 GDP 颗粒物排放量最大，其次是七台河市、大兴安岭地区、鸡西市等。2019 年全省颗粒物单位面积排放强度详见图 3-15，2019 年全省颗粒物单位 GDP 排放强度详见图 3-16。

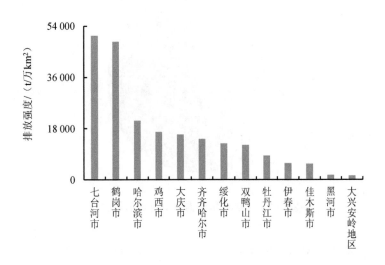

图 3-15　2019 年全省颗粒物单位面积排放强度

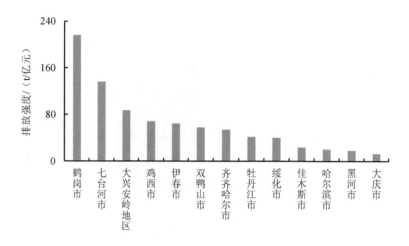

图 3-16 2019 年全省颗粒物单位 GDP 排放强度

（4）全省挥发性有机物（VOCs）排放现状

2019 年全省 VOCs 排放量与上年相比减少 29.1%。其中，工业源、生活源和移动源排放量与上年相比分别减少 5.0%、3.5% 和 52.7%。2019 年全省 VOCs 排放量占比详见图 3-17。

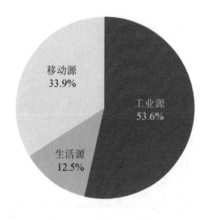

图 3-17 2019 年全省 VOCs 排放量占比

2019 年全省工业源 VOCs 排放量与上年相比减少 5.0%。VOCs 排放量较大的行业为石油和天然气开采业，石油、煤炭及其他燃料加工业，橡胶和塑料制品业，与上年相比无变化。2019 年全省工业行业 VOCs 排放情况详见图 3-18。

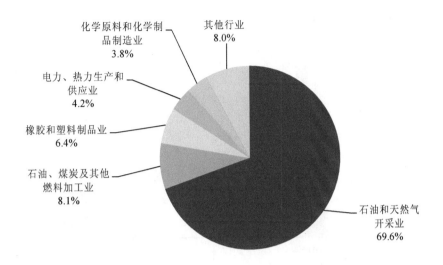

图 3-18　2019 年全省工业行业 VOCs 排放情况

3.1.2　全省废气污染物排放"十三五"期间的变化趋势

2016—2019 年全省二氧化硫排放量逐年下降，与 2016 年相比，2019 年下降 38.3%。其中，工业源和生活源二氧化硫排放量逐年下降，集中式二氧化硫排放量总体上升。2016—2019 年全省二氧化硫排放量变化情况详见图 3-19。

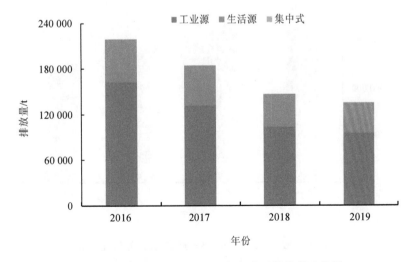

图 3-19　2016—2019 年全省二氧化硫排放量变化情况

2016—2019 年全省氮氧化物排放量逐年下降，与 2016 年相比，2019 年下降 26.4%。其中，工业源、生活源、集中式、移动源氮氧化物排放量均逐年下降。2016—2019 年全省氮氧化物排放量变化情况详见图 3-20。

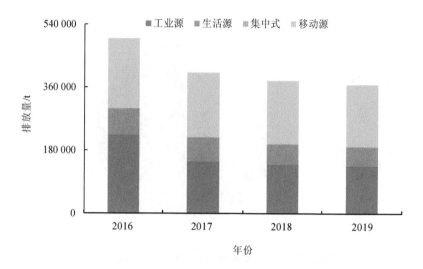

图 3-20 2016—2019 年全省氮氧化物排放量变化情况

2016—2019 年全省颗粒物排放量逐年下降,与 2016 年相比,2019 年下降 33.9%。其中,工业源、生活源和移动源颗粒物排放量均逐年下降,集中式颗粒物排放量总体上升。2016—2019 年全省颗粒物排放量变化情况详见图 3-21。

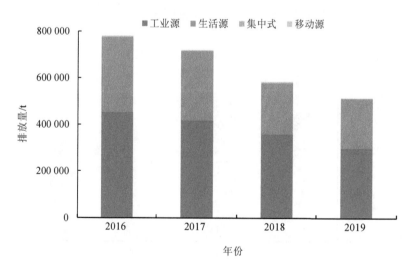

图 3-21 2016—2019 年全省颗粒物排放量变化情况

2016—2019 年工业源二氧化硫、氮氧化物和颗粒物排放量总体下降,与 2016 年相比,2019 年分别下降 41.5%、39.8%和 33.8%。污染物排放的主要行业为电力、热力生产和供应业。2016—2019 年电力、热力生产和供应业废气主要污染物排放量变化情况详见图 3-22。

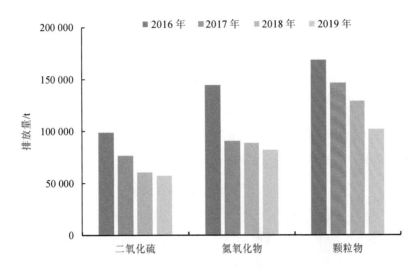

图 3-22 2016—2019 年电力、热力生产和供应业废气主要污染物排放量变化情况

2016—2019 年全省 VOCs 排放量逐年下降,与 2016 年相比,2019 年下降 59.8%。其中,工业源和生活源 VOCs 排放量均总体下降,移动源 VOCs 排放量逐年下降。2016—2019 年全省 VOCs 排放量变化情况详见图 3-23。

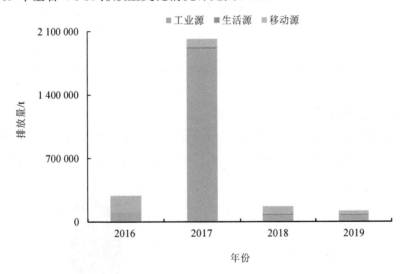

图 3-23 2016—2019 年全省 VOCs 排放量变化情况

3.2 废水污染物排放现状及"十三五"期间的变化趋势

3.2.1 废水主要污染物排放现状及同比变化情况

2019年全省化学需氧量排放量和氨氮排放量与上年相比分别增加2.2%和减少7.5%。2018—2019年废水污染物排放情况及年际变化详见图3-24。

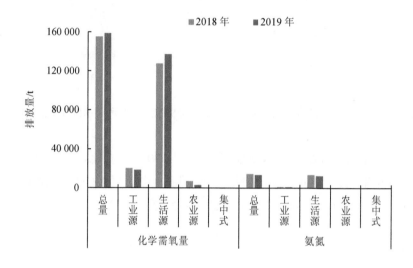

图3-24 2018—2019年全省废水主要污染物排放情况及年际变化

（1）全省废水排放现状

2019年全省废水排放量与上年相比增加5.4%。其中，工业源排放量与上年相比减少10.0%，生活源排放量与上年相比增加7.6%。2019年全省废水排放量详见图3-25。

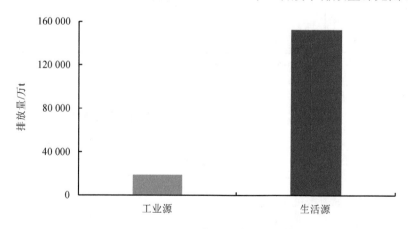

图3-25 2019年全省废水排放量

①全省废水排放区域分布。2019年全省废水排放量最大的城市为哈尔滨市，其次是齐齐哈尔市和绥化市，与上年相比无变化。2019年全省各城市（地区）废水排放情况详见图3-26。

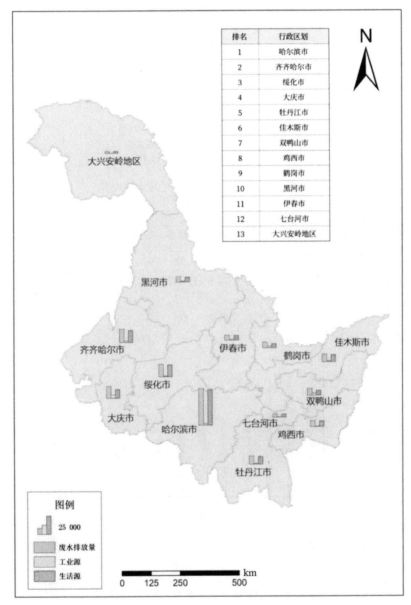

排名	行政区划
1	哈尔滨市
2	齐齐哈尔市
3	绥化市
4	大庆市
5	牡丹江市
6	佳木斯市
7	双鸭山市
8	鸡西市
9	鹤岗市
10	黑河市
11	伊春市
12	七台河市
13	大兴安岭地区

图3-26　2019年全省各城市（地区）废水排放情况（单位：万t）

②主要排放行业。2019年全省工业废水排放量与上年相比减少10.0%。废水排放量较大的行业为煤炭开采和洗选业、水的生产和供应业、化学原料和化学制品制造业，与上年相比无变化。2019年全省工业行业废水排放情况详见图3-27。

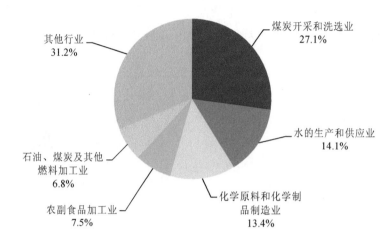

图 3-27　2019 年全省工业行业废水排放情况

③排放强度。哈尔滨市的单位面积废水排放量最大，其次是大庆市、七台河市、鹤岗市等。伊春市的单位 GDP 废水排放量最大，其次是鹤岗市、双鸭山市、大兴安岭地区等。2019 年全省废水单位面积排放强度详见图 3-28，2019 年全省废水单位 GDP 排放强度详见图 3-29。

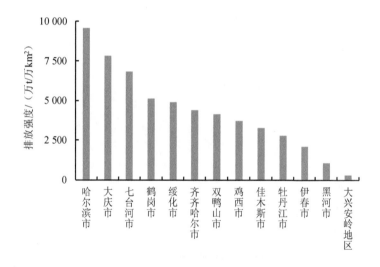

图 3-28　2019 年全省废水单位面积排放强度

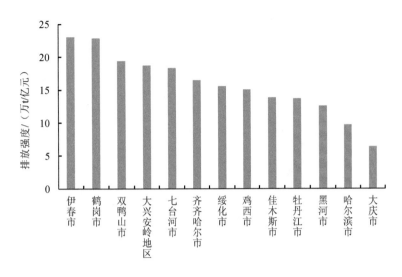

图 3-29 2019 年全省废水单位 GDP 排放强度

（2）全省化学需氧量排放现状

2019 年全省化学需氧量排放量与上年相比增加 2.2%。其中，工业源排放量与上年相比减少 9.1%，生活源排放量与上年相比增加 7.5%，农业源和集中式治理设施排放量与上年相比有所增加。2019 年全省化学需氧量排放量占比详见图 3-30。

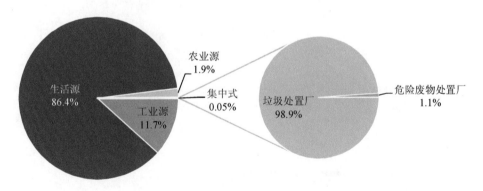

图 3-30 2019 年全省化学需氧量排放量占比

①全省化学需氧量排放区域分布。2019 年全省化学需氧量排放量最大的城市为哈尔滨市，其次是齐齐哈尔市和绥化市，与上年相比无变化。2019 年全省各城市（地区）化学需氧量排放情况详见图 3-31。

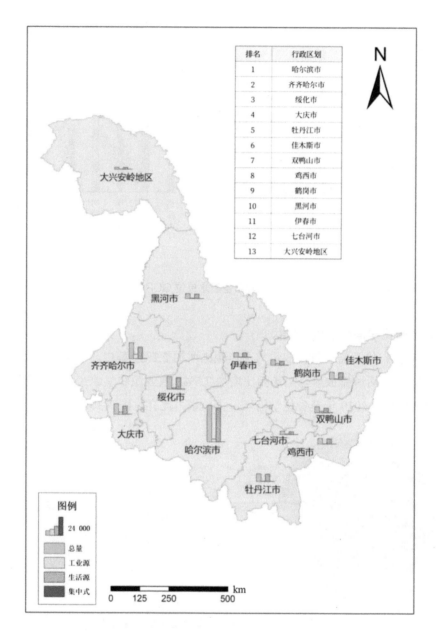

图3-31 2019年全省各城市（地区）化学需氧量排放情况（单位：t）

②主要排放行业。2019年全省工业源化学需氧量排放量与上年相比减少9.1%。化学需氧量排放量较大的行业为农副食品加工业、食品制造业、煤炭开采和洗选业，与上年相比无变化。2019年全省工业行业化学需氧量排放情况详见图3-32。

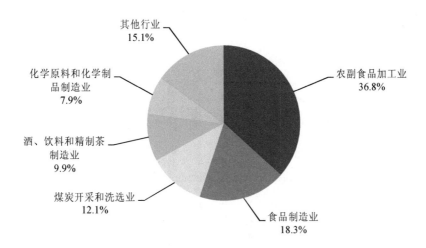

图 3-32　2019 年全省工业行业化学需氧量排放情况

③排放强度。哈尔滨市的单位面积化学需氧量排放量最大，其次是七台河市、大庆市、齐齐哈尔市等。鹤岗市的单位 GDP 化学需氧量排放量最大，其次是伊春市、齐齐哈尔市、七台河市等。2019 年全省化学需氧量单位面积排放强度详见图 3-33，2019 年全省化学需氧量单位 GDP 排放强度详见图 3-34。

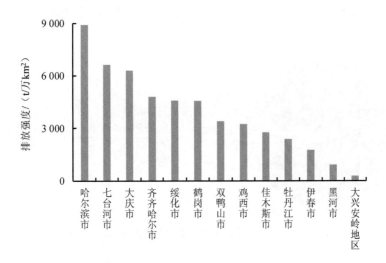

图 3-33　2019 年全省化学需氧量单位面积排放强度

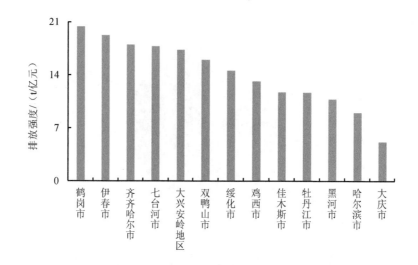

图 3-34　2019 年全省化学需氧量单位 GDP 排放强度

（3）全省氨氮排放现状

2019 年全省氨氮排放量为 13 709.8 t，与上年相比减少 7.5%。其中，工业源和生活源排放量分别为 947.6 t 和 12 737.7 t，与上年相比分别减少 4.1% 和 7.4%，农业源和集中式治理设施排放量分别为 8.8 t 和 15.7 t，与上年相比有所减少。2019 年全省氨氮排放量占比详见图 3-35。

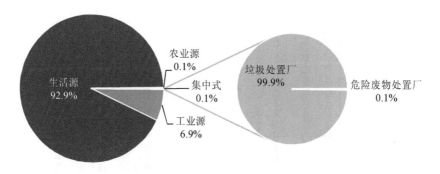

图 3-35　2019 年全省氨氮排放量占比

①全省氨氮排放区域分布。2019 年全省氨氮排放量最大的城市为哈尔滨市，其次是齐齐哈尔市和绥化市，与上年相比无变化。2019 年全省各城市（地区）氨氮排放情况详见图 3-36。

排名	行政区划
1	哈尔滨市
2	齐齐哈尔市
3	绥化市
4	大庆市
5	牡丹江市
6	佳木斯市
7	鸡西市
8	双鸭山市
9	黑河市
10	鹤岗市
11	伊春市
12	七台河市
13	大兴安岭地区

图 3-36 2019 年全省各城市（地区）氨氮排放情况（单位：t）

②主要排放行业。2019 年全省工业源氨氮排放量为 947.6 t，与上年相比减少 4.1%。氨氮排放量较大的行业为农副食品加工业，酒、饮料和精制茶制造业以及食品制造业，与上年相比无变化。2019 年全省工业行业氨氮排放情况详见图 3-37。

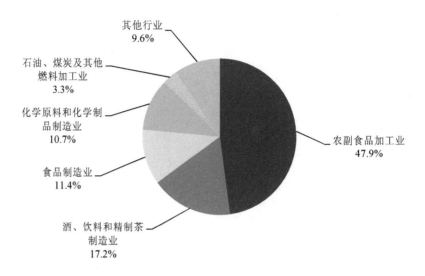

图 3-37　2019 年全省工业行业氨氮排放情况

③排放强度。哈尔滨市的单位面积氨氮排放量最大，其次是七台河市、大庆市、绥化市等。伊春市的单位 GDP 氨氮排放量最大，其次是鹤岗市、齐齐哈尔市、大兴安岭地区等。2019 年全省氨氮单位面积排放强度详见图 3-38，2019 年全省氨氮单位 GDP 排放强度详见图 3-39。

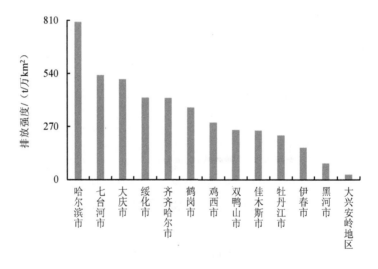

图 3-38　2019 年全省氨氮单位面积排放强度

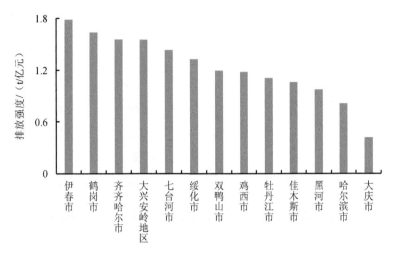

图 3-39　2019 年全省氨氮单位 GDP 排放强度

3.2.2　全省废水污染物排放"十三五"时期的变化趋势

2016—2019 年全省废水排放量总体上升，与 2016 年相比，2019 年上升 10.1%。其中，工业源废水排放量逐年下降，生活源废水排放量总体上升。全省废水排放量变化情况详见图 3-40。

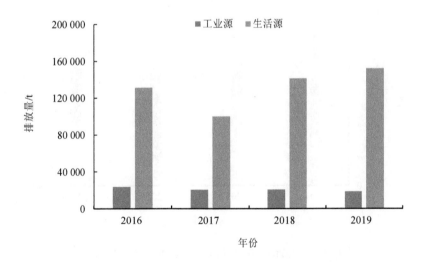

图 3-40　2016—2019 年全省废水排放量变化情况

2016—2019 年全省化学需氧量排放量总体下降，与 2016 年相比，2019 年下降 19.8%。其中，农业源、生活源、集中式化学需氧量排放量均总体下降。全省化学需氧量排放量变化情况详见图 3-41。

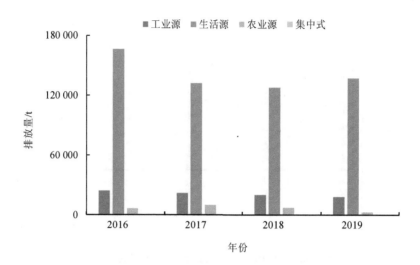

图 3-41　2016—2019 年全省化学需氧量排放量变化情况

2016—2019 年全省氨氮排放量逐年下降，与 2016 年相比，2019 年下降 26.7%。其中，农业源氨氮排放量总体下降，生活源和集中式氨氮排放量均逐年下降。全省氨氮排放量变化情况详见图 3-42。

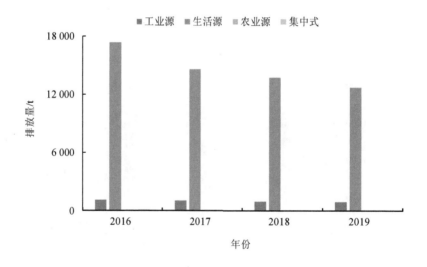

图 3-42　2016—2019 年全省氨氮排放量变化情况

2016—2019 年全省工业源废水、化学需氧量和氨氮排放量逐年下降，与 2016 年相比，2019 年分别下降 21.2%、24.2% 和 17.1%。废水排放的主要行业为煤炭开采和洗选业，化学需氧量和氨氮排放的主要行业为农副食品加工业。2016—2019 年农副食品加工业废水主要污染物排放量变化详见图 3-43。

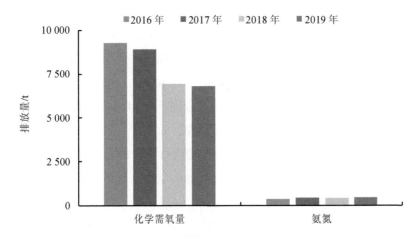

图 3-43　2016—2019 年农副食品加工业废水主要污染物排放量变化

3.3　固体废物产生及处置情况

3.3.1　一般工业固体废物产生及处置情况

2019 年全省一般工业固体废物产生量与上年相比减少 5.5%。2019 年一般工业固体废物得到了妥善利用和有效处置，倾倒丢弃量为零。与 2016 年相比，2019 年一般工业固体废物产生量总体上升，上升 19.4%；一般工业固体废物综合利用量和处置量均总体下降，分别下降 6.5%和 21.4%。

3.3.2　工业危险废物产生及处置情况

2019 年全省工业危险废物产生量与上年相比减少 9.7%。2019 年工业危险废物得到了妥善利用和有效处置，倾倒丢弃量为零。与 2016 年相比，2019 年全省工业危险废物产生量和利用处置量均总体上升，分别上升 39.8%和 44.0%。

3.4　重点排污单位监督性监测

3.4.1　2020 年废气监督性监测

对 107 家废气排污单位进行监督性监测，超标 1 家，超标率为 0.9%；与"十二五"末相比，监测的排污单位数增加了 12 家，超标率下降 31.1%。对 24 家废气无组织排放排污单位进行监督性监测，无超标排污单位；与"十二五"末相比，监测的排污单位数增加24家。

对二氧化硫、氮氧化物、烟尘和颗粒物4项主要污染物开展监测的废气排污单位数量分别为101家、101家、53家和41家，超标排污单位数量分别为0家、0家、1家和0家，分别占各项污染物监测排污单位数量的0%、0%、1.9%和0%；与"十二五"末相比，二氧化硫、氮氧化物、烟尘和颗粒物超标排污单位占比分别下降14.9%、26.6%、29.2%和14.7%。

（1）2020年各城市废气监督性监测超标情况

哈尔滨市废气监督性监测超标率为3.4%，全省达标情况区域分布详见图3-44；与"十二五"末相比，除绥化市、大兴安岭地区外其他各城市（地区）超标率均大幅下降，详见表3-1。

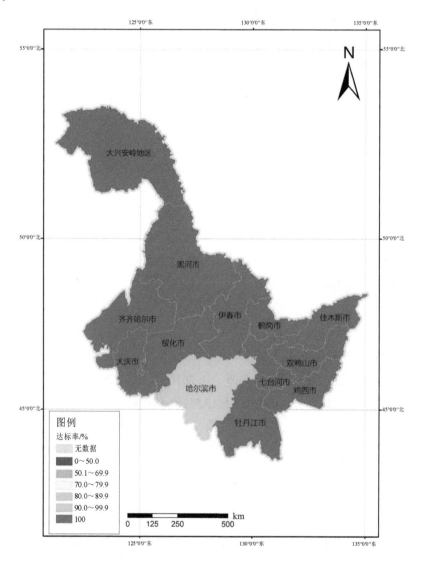

图3-44　2020年废气监督性监测达标情况区域分布

表 3-1　各城市废气监督性监测超标率

单位：%

行政区划	哈尔滨市	伊春市	鸡西市	鹤岗市	牡丹江市	齐齐哈尔市	黑河市	大庆市	七台河市	双鸭山市	佳木斯市	绥化市	大兴安岭地区
"十二五"末超标率	22.4	85.7	50.0	50.0	45.8	40.0	37.5	31.9	25.0	18.7	16.7	0	0
2020 年超标率	3.4	0	0	0	0	0	0	0	0	0	0	0	0

（2）2020 年各行业废气监督性监测超标情况

废气排污单位主要分布在电力、热力的生产和供应，水泥制造，石油加工、炼焦及核燃料加工，化学原料及化学制品制造，环境卫生管理，黑色金属冶炼和压延加工等行业，开展监测的排污单位数量分别为 72 家、10 家、7 家、3 家、2 家和 2 家；电力、热力的生产和供应行业超标排污单位数量为 1 家，占行业监测排污单位数量的 1.4%，其他行业超标排污单位数量均为 0 家；与"十二五"末相比，电力、热力的生产和供应，化学原料及化学制品制造，石油加工、炼焦及核燃料加工三个行业超标率均大幅下降，详见表 3-2。

表 3-2　各行业废气监督性监测超标率

单位：%

行业名称	电力、热力的生产和供应	化学原料及化学制品制造	石油加工、炼焦及核燃料加工	水泥制造	环境卫生管理	黑色金属冶炼和压延加工
"十二五"末超标率	39.9	31.2	6.2	0	0	0
2020 年超标率	1.4	0	0	0	0	0

3.4.2　2020 年废水监督性监测

对 104 家废水排污单位进行监督性监测，超标 2 家，超标率为 1.9%；与"十二五"末相比，监测的排污单位数增加了 47 家，超标率下降 6.0%。

对化学需氧量、氨氮、总磷和总氮 4 项主要污染物开展监测的废水排污单位数量分别为 104 家、98 家、49 家和 40 家，超标排污单位数量分别为 2 家、1 家、0 家和 1 家，分别占各项污染物监测排污单位数量的 1.9%、1.0%、0% 和 2.5%；与"十二五"末相比，化学需氧量、氨氮和总磷超标排污单位占比分别下降 1.7%、2.8% 和 7.1%，总氮超标排污单位占比上升 1.2%。

（1）2020 年各城市废水监督性监测超标情况

哈尔滨市废水监督性监测超标率为 3.8%，其他城市（地区）超标率均为 0%，全省达标情况区域分布详见图 3-45；与"十二五"末相比，哈尔滨市、伊春市、牡丹江市和齐齐哈尔市超标率均大幅下降，详见表 3-3。

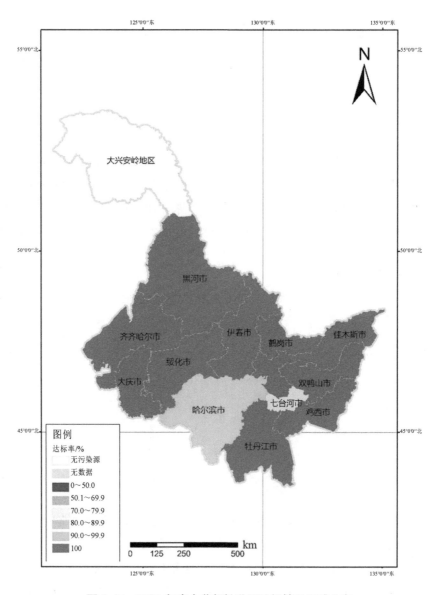

图 3-45　2020 年废水监督性监测达标情况区域分布

表3-3 各城市废水监督性监测超标率　　单位：%

行政区划	哈尔滨市	伊春市	牡丹江市	齐齐哈尔市	鹤岗市	大庆市	双鸭山市	佳木斯市	绥化市	鸡西市	黑河市	大兴安岭地区	七台河市
"十二五"末超标率	7.6	25.0	10.0	6.7	0	0	0	0	0	无污染源	无污染源	0	0
2020年超标率	3.8	0	0	0	0	0	0	0	0	0	0	无污染源	无数据

（2）2020年各行业废水监督性监测超标情况

废水排污单位主要分布在屠宰及肉类加工、医药制造、环境卫生管理、啤酒制造、乳制品制造、煤炭开采和洗选等行业，开展监测的排污单位数量分别为15家、11家、11家、7家、6家和6家，环境卫生管理和啤酒制造行业超标排污单位数量均为1家，占行业监测排污单位数量的9.1%和14.3%，其他行业超标排污单位数量均为0家；与"十二五"末相比，环境卫生管理、乳制品制造、医药制造三个行业超标率均大幅下降，啤酒制造行业超标率上升，详见表3-4。

表3-4 各行业废水监督性监测超标率　　单位：%

行业名称	啤酒制造	环境卫生管理	乳制品制造	医药制造	屠宰及肉类加工	煤炭开采和洗选
"十二五"末超标率	8.3	14.3	20.0	8.3	0	0
2020年超标率	14.3	9.1	0	0	0	0

3.4.3　2020年城镇污水处理厂监督性监测

对70家城镇污水处理厂进行监督性监测，超标1家，超标率为1.4%；与"十二五"末相比，监测的排污单位数量减少了12家，超标率下降7.1%。

对化学需氧量、氨氮、总磷、总氮和粪大肠菌群数5项主要污染物开展监测的城镇污水处理厂数量分别为70家、70家、61家、60家和59家，超标排污单位数量分别为0家、0家、0家、0家和1家，分别占各项污染物监测排污单位数量的0%、0%、0%、0%和2.5%；与"十二五"末相比，化学需氧量、氨氮、总磷、总氮和粪大肠菌群数超标排污单位占比分别下降4.3%、4.0%、3.4%、7.0%和1.3%。

3.4.4 "十三五"时期监督性监测达标率趋势分析

废气、废水及城镇污水处理厂监督性监测达标率均有升高，2020 年达标率均高于 2016 年，废气和城镇污水处理厂监督性监测达标率升高较为明显。2016—2020 年监督性监测达标率趋势变化情况详见图 3-46。

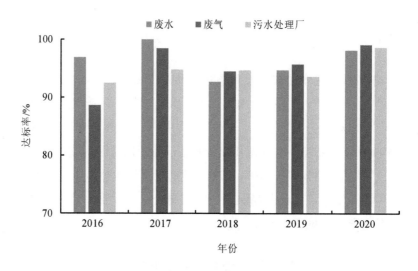

图 3-46　2016—2020 年监督性监测达标率趋势

（1）废气监督性监测主要污染物达标率趋势分析

废气排污单位主要污染物二氧化硫、氮氧化物、烟尘和颗粒物达标率均在 90%以上波动，2020 年各污染物达标率均处于历史最高值，"十三五"时期呈现整体向好趋势，主要污染物达标率趋势详见图 3-47。

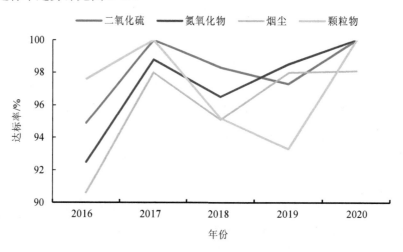

图 3-47　2016—2020 年废气排污单位主要污染物达标率趋势

（2）废水监督性监测主要污染物达标率趋势分析

废水排污单位主要污染物化学需氧量、氨氮、总磷和总氮达标率均在 94% 以上波动，2020 年除总磷外，其他各污染物达标率均处于历史中间值，"十三五"时期呈向下波动趋势，主要污染物达标率趋势详见图 3-48。

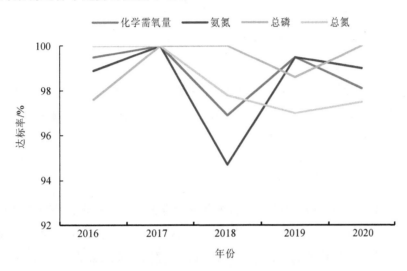

图 3-48　2016—2020 年废水排污单位主要污染物达标率趋势

（3）城镇污水处理厂监督性监测主要污染物达标率趋势分析

城镇污水处理厂主要污染物化学需氧量、氨氮、总磷、总氮和粪大肠菌群数达标率均在 93% 以上波动，2020 年除粪大肠菌群数外，其他各污染物达标率均处于历史最高值，"十三五"时期呈整体向好趋势，主要污染物达标率趋势详见图 3-49。

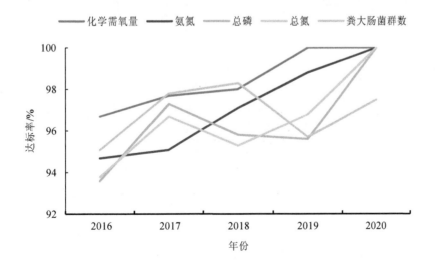

图 3-49　2016—2020 年城镇污水处理厂主要污染物达标率趋势

3.5　排污单位自行监测

3.5.1　2020 年排污单位自行监测专项检查

各地市生态环境部门共对 1 254 家排污单位开展自行监测专项检查,检查排污单位占全省发证排污单位数量的 21.7%,检查中大部分排污单位存在问题,其中较为规范的排污单位有 135 家,占检查企业总数的 10.8%。省监测中心对 120 家排污单位开展自行监测信息联网情况网上抽查,抽查中大部分排污单位存在问题,其中 36 家排污单位自行监测数据、方案、报告和信息公开均合格。

3.5.2　2020 年排污单位自行监测帮扶

根据《2020 年全省排污单位自行监测帮扶指导方案》的要求,各地市帮扶工作小组严格按照《排污单位自行监测现场评估细则》对排污单位进行评估,全省现场评估排污单位 270 家,其中较为规范的排污单位 194 家,占评估企业总数的 71.9%;基本规范的排污单位 47 家,占评估企业总数的 17.4%;不规范的排污单位 29 家,占评估企业总数的 10.7%。

第三篇

生态环境质量状况

第四章　环境空气质量状况

4.1　环境空气质量现状及同比变化情况

4.1.1　优良天数比例

2020 年，全省 13 个城市优良天数比例范围为 82.8%～98.9%，其中哈尔滨市为 82.8%，大兴安岭地区为 98.9%。各城市优良天数比例均优于 80.0%，有 10 个（76.9%）城市的优良天数比例超过 90.0%。与上年同期相比，除鸡西、双鸭山和七台河 3 个（23.1%）城市（地区）上升外，其他 10 个（76.9%）城市（地区）的优良天数比例均下降。详见图 4-1。

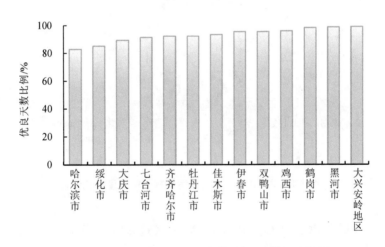

图 4-1　2020 年全省各城市（地区）优良天数比例情况

4.1.2　污染物浓度

2020 年，全省 SO$_2$、NO$_2$、PM$_{10}$、PM$_{2.5}$、CO 24 h 平均第 95 百分位数和 O$_3$ 日最大 8 h 平均第 90 百分位数平均浓度分别为 11 μg/m^3、18 μg/m^3、46 μg/m^3、28 μg/m^3、1.1 mg/m^3 和 107 μg/m^3。详见图 4-2。

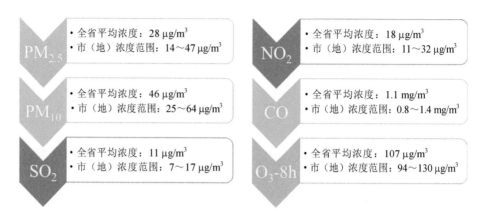

图 4-2 2020 年全省污染物浓度

与上年同期相比，PM_{10} 平均浓度下降 3 $\mu g/m^3$（6.1%），NO_2 平均浓度下降 1 $\mu g/m^3$（5.3%），O_3 日最大 8 h 平均第 90 百分位数平均浓度上升 4 $\mu g/m^3$（3.9%），SO_2、$PM_{2.5}$、CO 24 h 平均第 95 百分位数平均浓度同比不变。详见图 4-3。

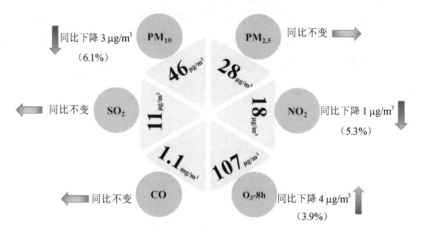

图 4-3 2020 年全省各项污染物平均浓度同比变化

2020 年，各城市 SO_2、NO_2、PM_{10}、$PM_{2.5}$、CO 24 h 平均第 95 百分位数和 O_3 日最大 8 h 平均第 90 百分位数浓度范围分别为 7~17 $\mu g/m^3$（鸡西市为 7 $\mu g/m^3$，哈尔滨市为 17 $\mu g/m^3$）、11~32 $\mu g/m^3$（大兴安岭地区为 11 $\mu g/m^3$，哈尔滨市为 32 $\mu g/m^3$）、25~64 $\mu g/m^3$（大兴安岭地区为 25 $\mu g/m^3$，哈尔滨市为 64 $\mu g/m^3$）、14~47 $\mu g/m^3$（大兴安岭地区为 14 $\mu g/m^3$，哈尔滨市为 47 $\mu g/m^3$）、0.8~1.4 mg/m^3（黑河市和大兴安岭地区为 0.8 mg/m^3，哈尔滨市为 1.4 mg/m^3）和 94~130 $\mu g/m^3$（鹤岗市为 94 $\mu g/m^3$，大庆市为 130 $\mu g/m^3$）。详见图 4-4。

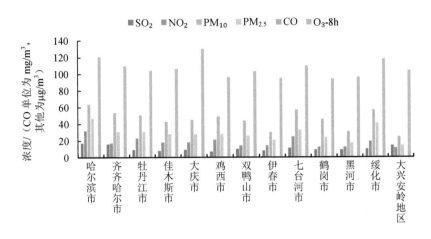

图 4-4　2020 年各城市（地区）污染物浓度对比

4.1.3　各类级别天数

2020 年，全省累计优良天数共 4 408 天，其中优为 2 964 天，良为 1 444 天。全省累计污染天数共 337 天，其中轻度污染共 218 天，中度污染共 58 天，重度污染共 42 天，严重污染共 19 天，重度及以上污染天数共 61 天。详见图 4-5。

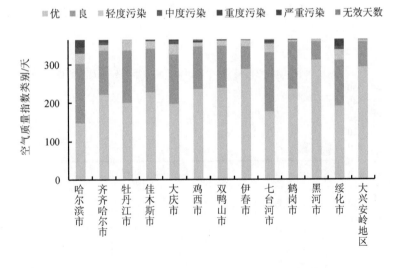

图 4-5　2020 年各城市（地区）各类级别天数情况

与上年同期相比，全省累计优良天数减少 9 天，降幅为 0.2%，其中优天数增加 111 天，增幅为 3.9%，良天数减少 120 天，降幅为 7.7%。全省累计污染天数同比增加 20 天，增幅为 6.3%，其中轻度污染增加 15 天，增幅为 7.4%，中度污染增加 13 天，增幅为 28.9%，重度污染减少 9 天，降幅为 17.6%，严重污染增加 1 天，增幅为 5.6%。重度及以上污染天数减少 8 天，降幅为 11.6%。详见图 4-6。

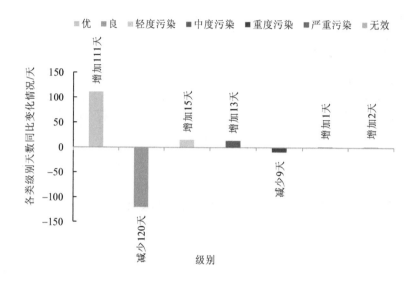

图 4-6　2020 年与 2019 年全省累计各类级别天数及同比变化情况

与上年同期相比，13 个城市的优、良、轻度污染、中度污染、重度污染和严重污染天数分别有 3 个、11 个、5 个、3 个、9 个和 4 个城市减少，其他城市同比增加或不变。详见图 4-7。

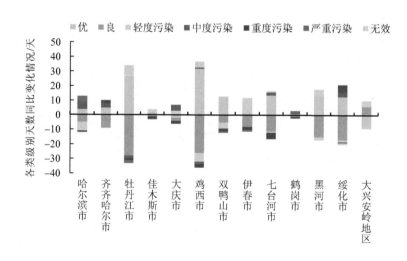

图 4-7　2020 年与 2019 年全省各城市（地区）各类级别天数同比变化情况

4.1.4 首要污染物

2020 年，全省以 PM$_{2.5}$ 为首要污染物的天数最多，全省累计为 821 天；其次为 O$_3$-8 h，全省累计为 491 天。详见图 4-8。

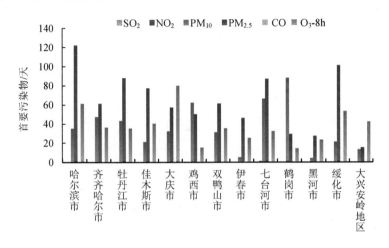

图 4-8　2020 年各城市（地区）首要污染物对比

2020 年，全省的超标天数中以 PM$_{2.5}$ 为首要污染物的天数最多，全省累计为 284 天；其次为 O$_3$-8h，全省累计为 40 天。详见图 4-9。

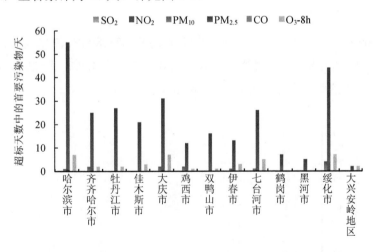

图 4-9　2020 年各城市（地区）超标天数中的首要污染物对比

与上年同期相比，全省累计以 SO$_2$ 为首要污染物的天数同比减少 3 天（100%），以 NO$_2$ 为首要污染物的天数同比减少 9 天（90.0%），以 PM$_{10}$ 为首要污染物的天数同比减少 278 天（37.3%），以 PM$_{2.5}$ 为首要污染物的天数同比增加 115 天（16.3%），以 CO 为首要污染物的天数同比不变,以 O_3-8h 为首要污染物的天数同比增加 75 天(18.0%)。详见图 4-10。

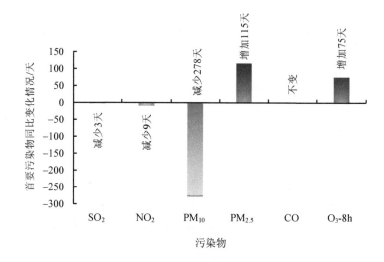

图 4-10　2020 年与 2019 年全省累计首要污染物同比变化情况

4.2 "十三五"期间环境空气质量状况及变化趋势

4.2.1 优良天数比例

2016—2020 年,全省平均优良天数比例分别为 91.4%、89.0%、93.7%、93.3% 和 92.9%。2018 年优良天数比例为 5 年内最优(高),较 2017 年上升 4.7%,较 2016 年上升 2.3%,2019 年和 2020 年连续两年下降 0.4%。详见图 4-11。

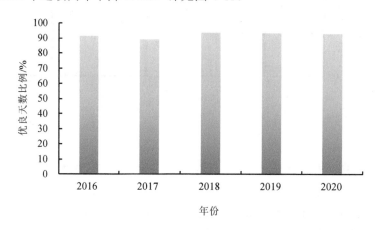

图 4-11　"十三五"期间全省平均优良天数比例变化情况

各城市优良天数比例 5 年均值范围为 80.5%～99.2%（哈尔滨市为 80.5%，大兴安岭地区为 99.2%）。详见图 4-12。

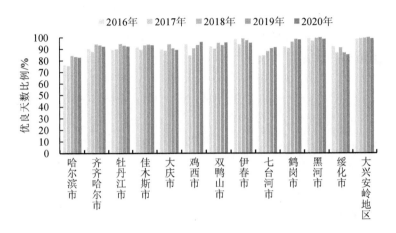

图 4-12　"十三五"期间各城市（地区）优良天数比例对比情况

4.2.2　综合指数同比变化情况

2016—2020 年，全省综合指数分别为 3.47、3.54、3.18、3.11 和 3.03，整体呈下降趋势，环境空气质量状况转好。综合指数自 2018 年连续 3 年降低，2020 年为 5 年内最优（低），较 2015 年下降 1.34，较 2019 年下降 0.08。各城市（地区）综合指数 5 年均值范围为 2.38～4.69（伊春市为 2.38，哈尔滨市为 4.69）。详见图 4-13。

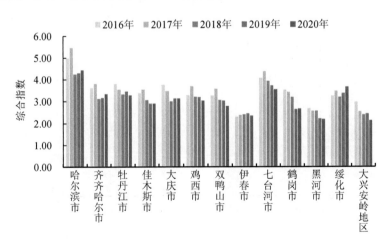

图 4-13　"十三五"期间各城市（地区）综合指数对比情况

4.2.3 污染物浓度情况

"十三五"期间，全省各项污染物浓度整体呈下降趋势，环境空气质量状况转好。除 2016 年的 O_3 日最大 8 h 平均第 90 百分位数均值浓度为 5 年最低外，其他各项污染物低值均出现在 2020 年。详见图 4-14。

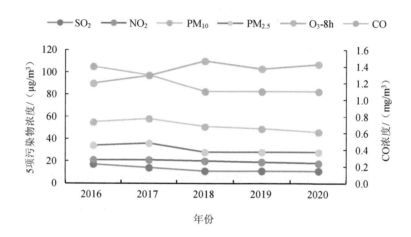

图 4-14 "十三五"期间全省各项污染物均值浓度变化趋势

（1）二氧化硫（SO_2）

①全省情况。2016—2020 年，全省 SO_2 年均值浓度分别为 17 μg/m³、14 μg/m³、11 μg/m³、11 μg/m³ 和 11 μg/m³，均达到一级标准。详见图 4-15。

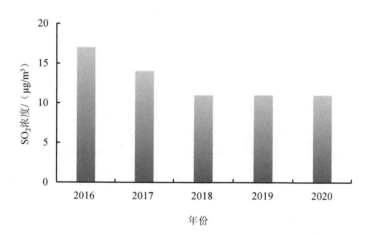

图 4-15 "十三五"期间全省 SO_2 年均值浓度变化趋势

②各城市情况。"十三五"期间，各城市（地区）SO_2 5 年均值浓度范围为 8～20 µg/m³（伊春市为 8 µg/m³，哈尔滨市和大兴安岭地区为 20 µg/m³）。详见图 4-16。

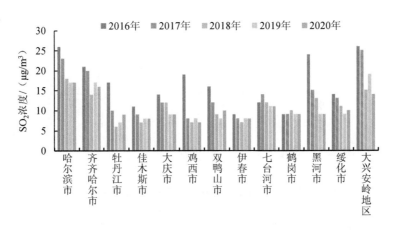

图 4-16　"十三五"期间各城市（地区）SO_2 年均值浓度变化趋势

（2）二氧化氮（NO_2）

①全省情况。2016—2020 年，全省 NO_2 年均值浓度分别为 21 µg/m³、21 µg/m³、20 µg/m³、19 µg/m³ 和 18 µg/m³，均达到一级标准。详见图 4-17。

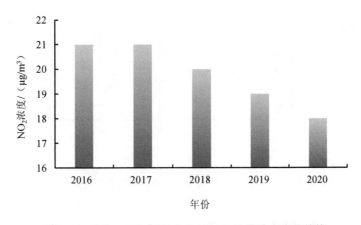

图 4-17　"十三五"期间全省 NO_2 年均值浓度变化趋势

②各城市情况。"十三五"期间，各城市（地区）NO_2 5 年均值浓度范围为 13～36 µg/m³（黑河市为 13 µg/m³，哈尔滨市为 36 µg/m³）。详见图 4-18。

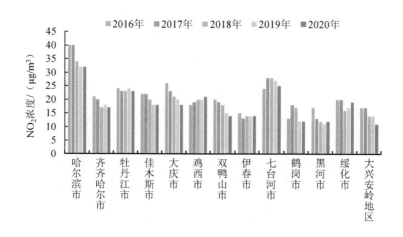

图 4-18 "十三五"期间各城市（地区）NO_2 年均值浓度变化趋势

（3）可吸入颗粒物（PM_{10}）

①全省情况。2016—2020 年，全省 PM_{10} 年均值浓度分别为 55 $\mu g/m^3$、58 $\mu g/m^3$、51 $\mu g/m^3$、49 $\mu g/m^3$ 和 46 $\mu g/m^3$，均达到二级标准。详见图 4-19。

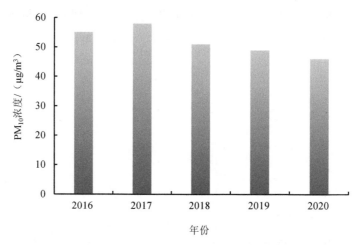

图 4-19 "十三五"期间全省 PM_{10} 年均值浓度变化趋势

②各城市情况。"十三五"期间，各城市（地区）PM_{10} 5 年均值浓度范围为 32~70 $\mu g/m^3$（大兴安岭地区为 32 $\mu g/m^3$，哈尔滨市为 70 $\mu g/m^3$）。详见图 4-20。

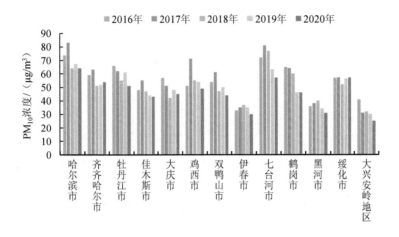

图 4-20　"十三五"期间各城市（地区）PM$_{10}$年均值浓度变化趋势

（4）细颗粒物（PM$_{2.5}$）

①全省情况。2016—2020 年，全省 PM$_{2.5}$ 年均值浓度分别为 34 μg/m^3、36 μg/m^3、28 μg/m^3、28 μg/m^3 和 28 μg/m^3，除 2017 年超标外，其他各年均达到二级标准。详见图 4-21。

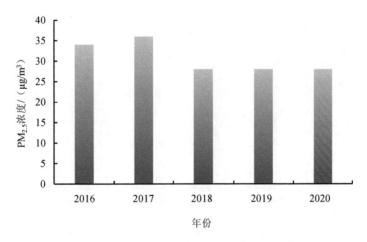

图 4-21　"十三五"期间全省 PM$_{2.5}$ 年均值浓度变化趋势

②各城市情况。"十三五"期间，各城市（地区）PM$_{2.5}$ 5 年均值浓度范围为 18～48 μg/m^3（大兴安岭地区为 18 μg/m^3，哈尔滨市为 48 μg/m^3）。详见图 4-22。

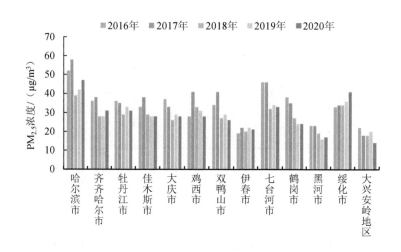

图 4-22 "十三五"期间各城市（地区）PM$_{2.5}$年均值浓度变化趋势

（5）一氧化碳（CO）

①全省情况。2016—2020 年，全省 CO 年均值浓度分别为 1.4 mg/m^3、1.3 mg/m^3、1.1 mg/m^3、1.1 mg/m^3 和 1.1 mg/m^3，均达到一级标准。详见图 4-23。

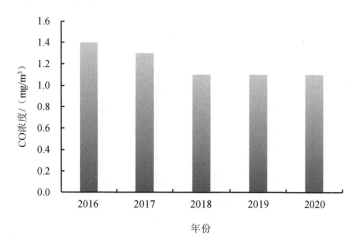

图 4-23 "十三五"期间全省 CO 年均值浓度变化趋势

②各城市情况。"十三五"期间，各城市（地区）CO 5 年均值浓度范围为 0.9～1.5 mg/m^3（伊春市和黑河市为 0.9 mg/m^3，哈尔滨市和鸡西市为 1.5 mg/m^3）。详见图 4-24。

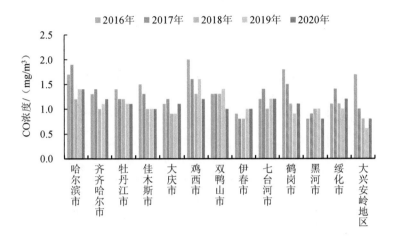

图 4-24 "十三五"期间各城市（地区）CO 年均值浓度变化趋势

（6）臭氧（O₃-8h）

①全省情况。2016—2020 年，全省 O_3-8h 年均值浓度分别为 90 μg/m³、97 μg/m³、110 μg/m³、103 μg/m³ 和 107 μg/m³，均达到二级标准，其中 2016 年和 2017 年达到一级标准。详见图 4-25。

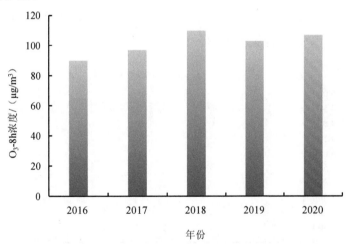

图 4-25 "十三五"期间全省 O₃-8h 年均值浓度变化趋势

②各城市情况。"十三五"期间，各城市（地区）O_3-8h 5 年均值浓度范围为 84～120 μg/m³（鸡西市为 84 μg/m³，大庆市为 120 μg/m³）。详见图 4-26。

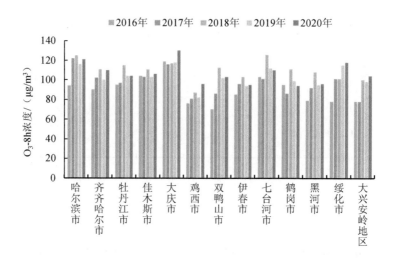

图 4-26 "十三五"期间各城市（地区）O₃-8h 年均值浓度变化趋势

4.2.4 各类级别天数

"十三五"期间，全省累计优天数及比例整体呈上升趋势，良天数及比例整体呈下降趋势，各类污染天数及比例整体呈波动变化趋势。全省累计各类级别天数详见图 4-27。全省平均各类级别天数比例详见图 4-28。

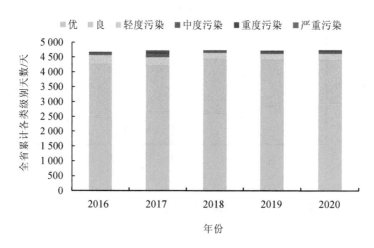

图 4-27 "十三五"期间全省累计各类级别天数情况

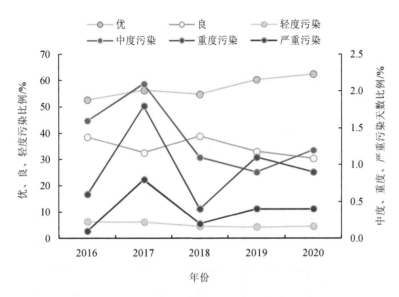

图 4-28　"十三五"期间全省平均各类级别天数比例变化趋势

4.3　"十三五"末与"十二五"末环境空气质量对比变化情况

4.3.1　优良天数比例

与 2015 年同期相比，2020 年全省平均优良天数比例上升 6.0%，污染天数比例下降 6.0%，重度及以上污染天数比例下降 1.5%。与 2015 年同期相比，2020 年全省 13 个城市中有 11 个（84.6%）城市的优良天数比例同比上升，伊春和绥化 2 个（15.4%）城市同比下降，降幅为 1.0% 和 0.2%。详见图 4-29。

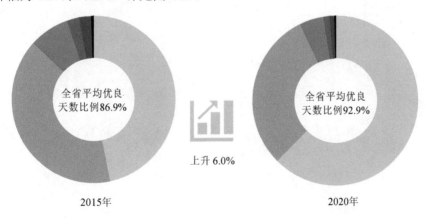

图 4-29　2020 年与 2015 年全省平均优良天数比例同比变化情况

4.3.2 综合指数

与 2015 年同期相比，2020 年全省综合指数下降 0.90（22.6%）。综合指数最大分指数均为 PM$_{2.5}$。全省 13 个城市（地区）的综合指数同比均（100%）下降。其中，降幅最大的为鹤岗市，同比下降 1.67（38.5%）。详见图 4-30。

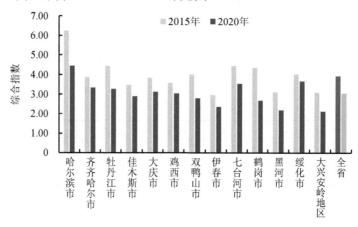

图 4-30 2020 年与 2015 年全省及各城市（地区）综合指数同比变化情况

4.3.3 污染物浓度

与 2015 年同期相比，2020 年全省 13 个城市（地区）的 SO$_2$ 平均浓度同比均下降。其中降幅最大的城市为鸡西市，同比下降 69.6%。详见图 4-31。

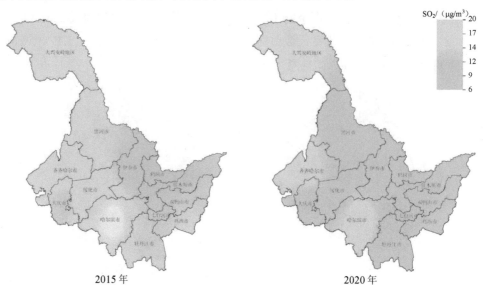

图 4-31 2020 年与 2015 年各城市（地区）SO$_2$ 年均值浓度分布情况

与 2015 年同期相比，2020 年全省 13 个城市（地区）的 NO_2 平均浓度，除鸡西市和七台河市 2 个城市分别上升 1 μg/m³（5.0%）和 4 μg/m³（19.0%）外，其他 11 个城市同比均下降或不变，其中降幅最大的城市为双鸭山市，同比下降 39.1%。详见图 4-32。

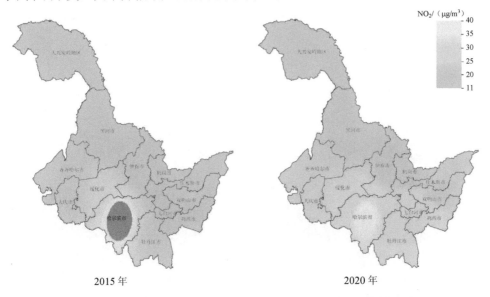

2015 年   2020 年

图 4-32　2020 年与 2015 年各城市（地区）NO_2 年均值浓度分布情况

与 2015 年同期相比，2020 年全省 13 个城市（地区）的 PM_{10} 平均浓度同比均下降或不变，其中降幅最大的为大兴安岭地区，同比下降 52.8%。详见图 4-33。

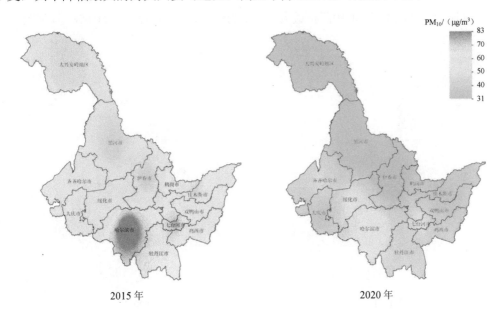

2015 年   2020 年

图 4-33　2020 年与 2015 年各城市（地区）PM_{10} 年均值浓度分布情况

与 2015 年同期相比，2020 年全省 13 个城市（地区）的 PM$_{2.5}$ 平均浓度，除绥化市同比上升 5 μg/m³（13.9%），其他 12 个城市（地区）同比均下降或不变，其中降幅最大的城市为鹤岗市，同比下降 48.9%。详见图 4-34。

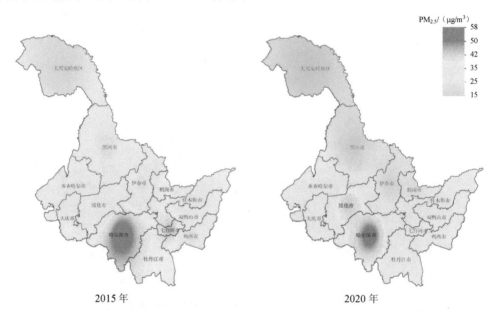

图 4-34　2020 年与 2015 年各城市（地区）PM$_{2.5}$ 年均值浓度分布情况

与 2015 年同期相比，2020 年全省 13 个城市（地区）的 CO 24h 平均第 95 百分位数平均浓度同比均下降或不变，其中降幅最大的城市为佳木斯市，同比下降 50.0%。详见图 4-35。

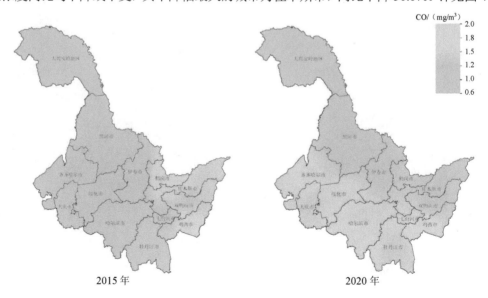

图 4-35　2020 年与 2015 年各城市（地区）CO 年均值浓度分布情况

与 2015 年同期相比，2020 年全省 13 个城市（地区）的 O_3 日最大 8h 平均第 90 百分位数平均浓度，除牡丹江市、鹤岗市和黑河市 3 个城市同比分别下降 8 μg/m³（7.1%）、12 μg/m³（11.3%）和 6 μg/m³（5.9%），以及佳木斯市和伊春市 2 个城市同比不变外，其他 8 个城市同比均上升，其中升幅最大的城市为七台河市，同比上升 34.1%。详见图 4-36。

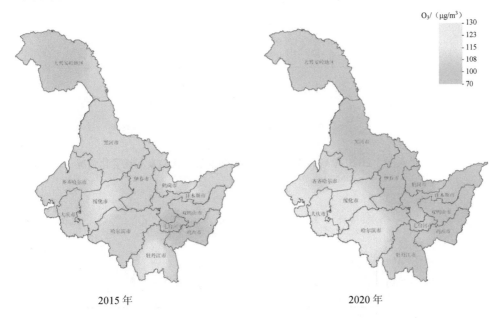

图 4-36　2020 年与 2015 年各城市（地区）O_3-8h 年均值浓度分布情况

4.3.4　各类级别天数

与 2015 年同期相比，2020 年全省累计优良天数增加 450 天，增幅为 11.4%，其中优天数增加 829 天，增幅为 38.8%，良天数减少 379 天，降幅为 20.8%。全省累计污染天数同比减少 262 天，降幅为 43.7%，其中轻度污染减少 140 天，降幅为 39.1%，中度污染减少 55 天，降幅为 48.7%，重度污染减少 62 天，降幅为 59.6%，严重污染减少 5 天，降幅为 20.8%。重度及以上污染天数减少 67 天，降幅为 52.3%。详见图 4-37。

与 2015 年同期相比，2020 年全省各城市优天数均有所增加。良天数除哈尔滨市增加 24 天外，其他 12 个城市（地区）同比减少。轻度污染天数除佳木斯市、大庆市和伊春市 3 个城市分别增加 2 天、4 天和 7 天外，其他 10 个城市同比减少。中度污染天数除绥化市增加 4 天外，其他 12 个城市同比减少。重度污染天数除鸡西市和绥化市 2 个城市分别增加 2 天和 6 天外，其他 11 个城市同比减少或不变。严重污染除哈尔滨市、牡丹江市和大庆市 3 个城市分别减少 8 天、1 天和 3 天外，其他 10 个城市（地区）同比均增加或不变。详见图 4-38。

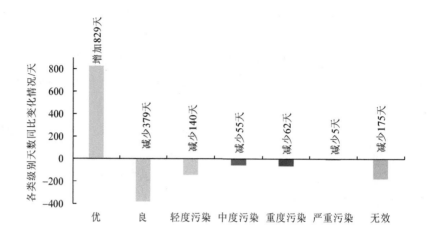

图 4-37　2020 年与 2015 年全省累计各类级别天数及同比变化情况

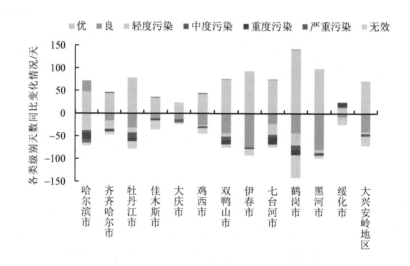

图 4-38　2020 年与 2015 年全省各城市（地区）各类级别天数同比变化情况

4.3.5　首要污染物

与 2015 年同期相比，2020 年全省累计以 SO₂ 为首要污染物的天数同比减少 31 天（100%），以 NO₂ 为首要污染物的天数同比减少 35 天（97.2%），以 PM₁₀ 为首要污染物的天数同比减少 406 天（46.5%），以 PM₂.₅ 为首要污染物的天数同比减少 391 天（32.3%），以 CO 为首要污染物的天数同比减少 4 天（100%），以 O₃-8h 为首要污染物的天数同比增加 245 天（99.6%）。详见图 4-39。

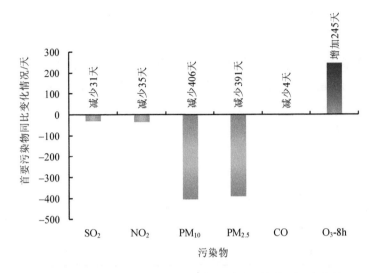

图 4-39 2020 年与 2015 年全省累计首要污染物同比变化情况

4.4 "十三五"期间与"十二五"期间环境空气质量变化情况

4.4.1 优良天数比例

2011—2020 年，全省平均优良天数比例呈波动变化趋势。其中，优良天数比例最小值出现在 2015 年（86.9%），最大值出现在 2012 年（94.2%）。详见图 4-40。

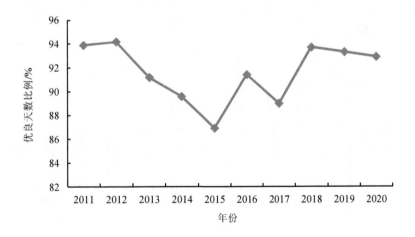

图 4-40 2011—2020 年全省平均优良天数比例变化情况

4.4.2 综合指数

2015—2020 年，全省综合指数整体呈下降趋势。其中，综合指数最小值出现在 2020 年（综合指数为 3.03），最大值出现在 2015 年（综合指数为 2.93）。详见图 4-41。

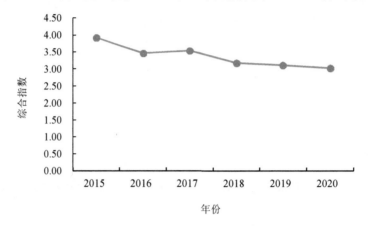

图 4-41　2015—2020 年全省综合指数变化情况

4.4.3 污染物浓度

（1）二氧化硫（SO₂）

2011—2020 年，全省 SO$_2$ 年均值浓度呈显著下降趋势。其中，最小值出现在 2018 年、2019 年和 2020 年（均为 11 μg/m^3），并列为 5 年最小值，最大值出现在 2014 年（25 μg/m^3）。详见图 4-42。

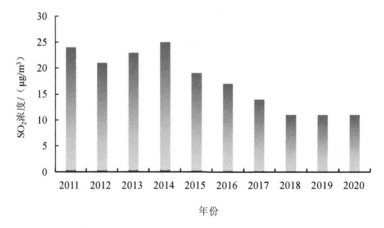

图 4-42　2011—2020 年全省 SO$_2$ 年均值浓度变化情况

（2）二氧化氮（NO₂）

2011—2020 年，全省 NO₂ 年均值浓度呈显著下降趋势。其中，最小值出现在 2020 年（18 μg/m³），最大值出现在 2011 年（26 μg/m³）。详见图 4-43。

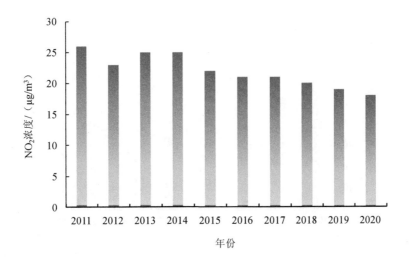

图 4-43　2011—2020 年全省 NO₂ 年均值浓度变化情况

（3）可吸入颗粒物（PM₁₀）

2011—2020 年，全省 PM₁₀ 年均值浓度呈显著下降趋势。其中，最小值出现在 2020 年（46 μg/m³），最大值出现在 2011 年和 2013 年（均为 69 μg/m³）。详见图 4-44。

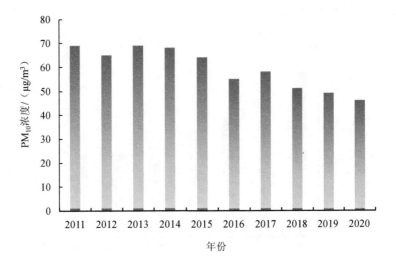

图 4-44　2011—2020 年全省 PM₁₀ 年均值浓度变化情况

（4）细颗粒物（PM₂.₅）

2013—2020 年，全省 PM₂.₅年均值浓度呈显著下降趋势。最小值出现在 2018 年、2019 年和 2020 年（均为 28 μg/m³），最大值出现在 2013 年（81 μg/m³）。详见图 4-45。

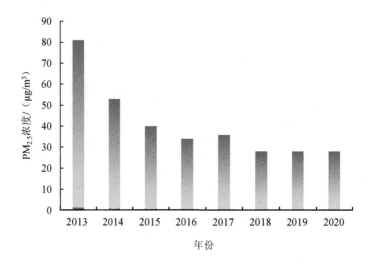

图 4-45　2013—2020 年全省 PM₂.₅年均值浓度变化情况

（5）一氧化碳（CO）

2013—2020 年，全省 CO 24h 平均第 95 百分位数年均值浓度呈显著下降趋势。其中，最小值出现在 2018 年、2019 年和 2020 年（均为 1.1 mg/m³），最大值出现在 2013 年（2.2 mg/m³）。详见图 4-46。

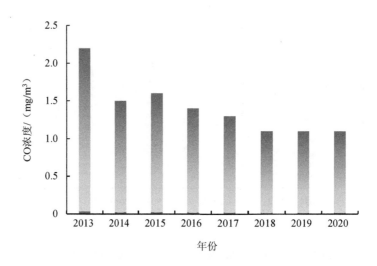

图 4-46　2013—2020 年全省 CO 年均值浓度变化情况

（6）臭氧（O₃-8h）

2013—2020 年，全省 O₃ 日最大 8 h 平均第 90 百分位数年均值浓度呈波动变化趋势。其中，最小值出现在 2013 年（72 μg/m³），最大值出现在 2018 年（110 μg/m³）。详见图 4-47。

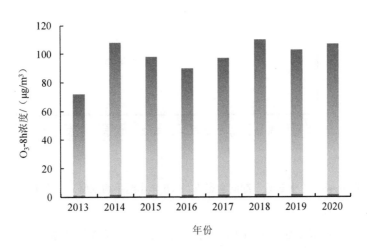

图 4-47　2013—2020 年全省 O₃-8h 年均值浓度变化情况

4.5 "十三五"期间环境空气质量变化分布规律及相关性分析

黑龙江省位于我国的东北角，有明显的寒温带气候特征，冬季寒冷干燥且供暖时间较长，夏季温热多雷雨且盛行东南季风，季节性较强，春秋季节存在"秸秆焚烧"特殊时期，多种因素导致污染物浓度随季节（月份）变化规律明显。因冬季燃煤取暖，全年可分为采暖期和非采暖期，受煤炭燃烧影响，采暖期环境空气质量状况明显劣于非采暖期。受早晚高峰机动车尾气排放、日气温变化和日内边界层高度变化等因素影响，污染物浓度存在较强的日变化规律。

4.5.1 日变化

（1）AQI 日变化规律

"十三五"期间，根据全省 5 年小时平均浓度计算，日内 AQI 高值主要出现于 0 时、9—10 时和 20—23 时，低值出现于 5 时和 15—16 时。详见图 4-48。

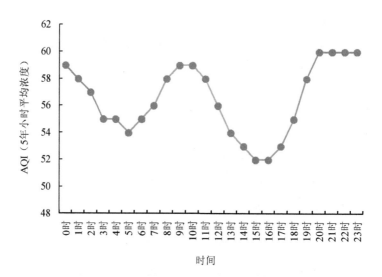

图 4-48 "十三五"期间全省 AQI（5 年小时平均浓度）日变化情况

2016—2020 年，根据全省年小时平均浓度计算，日内 AQI 高值主要出现于 0—1 时、10—11 时和 21 时，低值主要出现于 4—5 时和 14—16 时。详见图 4-49。

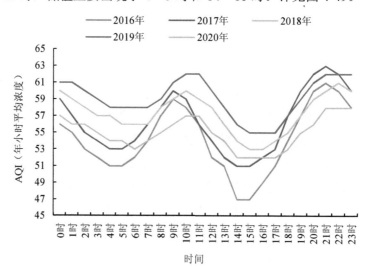

图 4-49 2016—2020 年全省 AQI（年小时平均浓度）日变化情况

2016—2020 年，全省 13 个城市（地区）的 AQI 高值主要分布在各年的 1—4 月和 10—12 月，AQI 低值主要分布在各年的 5—9 月。详见图 4-50。

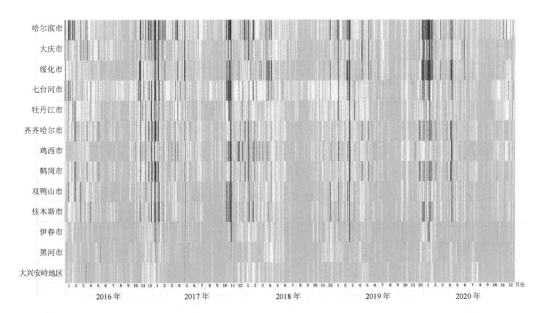

图 4-50 2016—2020 年全省 13 个城市（地区）日 AQI 分布

（2）污染物浓度

"十三五"期间，全省 6 项污染物浓度日变化规律明显。除 O_3 浓度外，其他 5 项污染物浓度日内均存在早晚时段的升高。SO_2、NO_2 高值主要出现在 7—8 时和 17—19 时，低值出现在 13—14 时。PM_{10} 和 $PM_{2.5}$ 浓度高值主要出现在 8—10 时和 20—22 时，低值主要出现在 14—16 时。CO 浓度日内波动较为明显，高值主要出现在 8—10 时和 20—22 时，低值出现在 13—17 时。O_3 浓度随日内温度变化明显，变化规律与日内气温变化基本一致，高值主要出现在 13—15 时，低值主要出现在 6—8 时和 22—23 时。详见图 4-51。

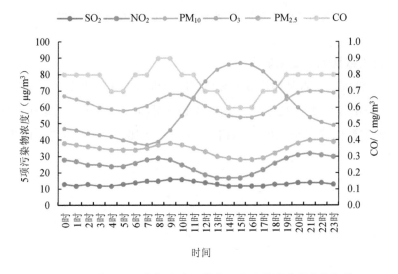

图 4-51 "十三五"期间全省污染物 5 年均值浓度日变化规律

4.5.2 月变化

（1）污染物浓度月变化规律

"十三五"期间，受季节性气候特征及采暖期等因素影响，全省各项污染物浓度月变化规律明显。全省 SO_2、NO_2、PM_{10}、$PM_{2.5}$、CO 5 项污染物月均值浓度（或特定百分位数均值浓度）年内呈"先降后升"趋势，多年呈"规律性重复波动"走势。年内高值主要出现在 1 月、2 月、10 月、12 月等月，以冬季（采暖期）月份为主，低值则出现在5 月、6 月、7 月、8 月等月，以夏季（非采暖期）月份为主。而 O_3 日最大 8 h 平均第90 百分位数月均值浓度呈"先升后降"趋势，多年呈"规律性重复波动"走势。年内高值主要出现在 5 月，低值主要出现在 1 月和 12 月。详见图 4-52。

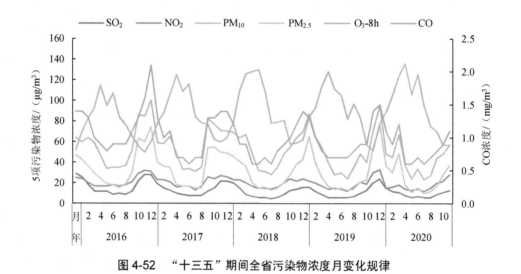

图 4-52　"十三五"期间全省污染物浓度月变化规律

（2）优良天数比例月变化规律

"十三五"期间，全省平均优良天数比例的年内月变化呈"先升后降"趋势。各年内低值出现在 1—4 月和 11—12 月且低值月份逐年减少，以冬季（采暖期）月份为主。各年内月最高值主要出现在 5—10 月且高值月份逐年增加，以夏季（非采暖期）月份为主。详见图 4-53。

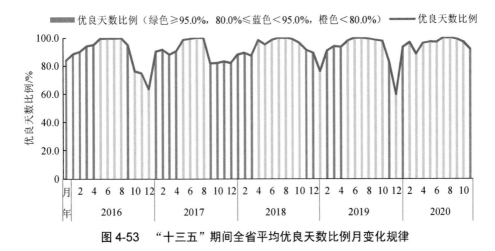

图 4-53 "十三五"期间全省平均优良天数比例月变化规律

（3）综合指数月变化规律

"十三五"期间，全省综合指数的月变化呈"先降后升"趋势。各年月最低值出现在 6—8 月，以夏季（非采暖期）月份为主。各年月最高值出现在 11—12 月，以冬季（采暖期）月份为主。详见图 4-54。

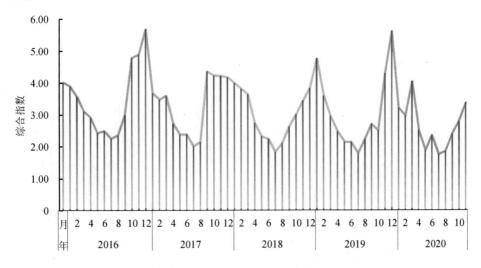

图 4-54 "十三五"期间全省综合指数月变化规律

（4）各类级别天数月变化规律

"十三五"期间，全省累计优良天数的月变化整体呈增加趋势，污染天数整体呈减少趋势。优良天数高值集中出现在 5—11 月等夏季月份（非采暖期），污染天数高值集中出现在 11—12 月等冬季月份（采暖期）。详见图 4-55。

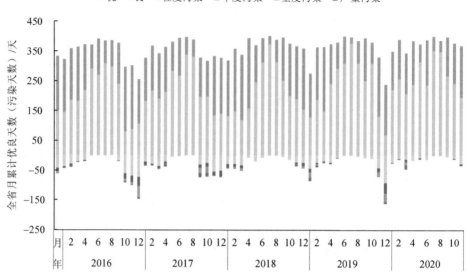

注：优良天数为正序列，污染天数为负序列的绝对值。

图 4-55　"十三五"期间各类级别累计优天数月变化规律

"十三五"期间，全省累计优天数的月变化整体呈"先升后降"的趋势，高值主要出现在 5—10 月，低值主要出现在 1—4 月和 11—12 月。详见图 4-56。

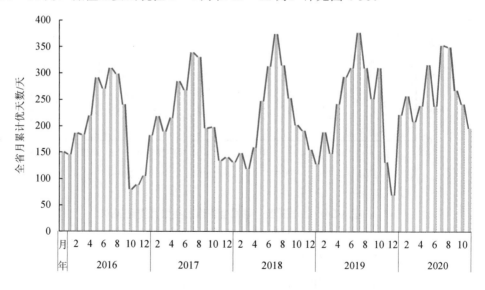

图 4-56　"十三五"期间全省累计优天数月变化规律

"十三五"期间，全省累计良天数月变化整体呈"先降后升"趋势，高值主要出现在1—5月和9—12月，低值主要出现在6—8月。详见图4-57。

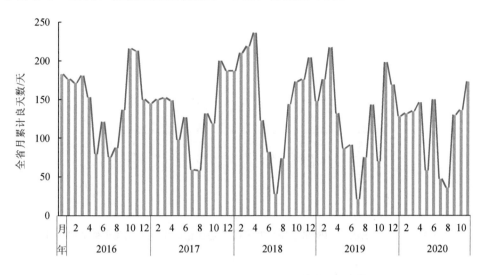

图4-57 "十三五"期间全省累计良天数月变化规律

4.5.3 采暖期和非采暖期环境空气质量变化情况

根据黑龙江省的特殊地理位置和气候条件特征，全年可分为采暖期（1月1日—4月15日和10月15日—12月31日）和非采暖期（4月16日—10月14日）。

（1）优良天数比例及各类级别天数情况

"十三五"期间，全省采暖期5年平均优良天数比例86.3%，非采暖期5年平均优良天数比例97.6%，采暖期优良天数低于非采暖期11.3%。详见图4-58。

"十三五"期间，全省13个城市（地区）的采暖期5年平均优良天数比例均（100%）低于非采暖期。各城市采暖期5年平均优良天数比例范围为66.0%～99.0%（哈尔滨市为66.0%，大兴安岭地区为99.0%），非采暖期范围为94.5%～99.5%（哈尔滨市为94.5%，黑河市为99.5%）。

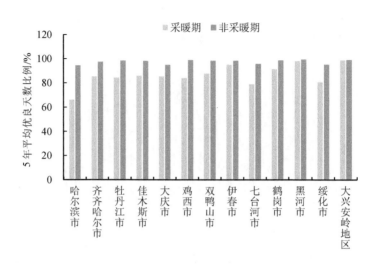

图 4-58 "十三五"期间采暖期与非采暖期各城市（地区）优良天数比例对比

（2）各类级别天数及比例情况

"十三五"期间，全省各类级别 5 年累计天数中，优天数主要出现于非采暖期，污染天数主要出现于采暖期，优天数为非采暖期明显多于采暖期，良、轻度污染、中度污染、重度污染、严重污染天数均为采暖期明显多于非采暖期。2016—2020 年，除 2020 年非采暖期的累计重度污染天数多于非采暖期外，其他各类级别天数均符合上述规律。

"十三五"期间，全省采暖期 5 年累计优、良、轻度污染、中度污染、重度污染和严重污染天数分别为 4 932 天、4 976 天、1 003 天、293 天、217 天和 66 天；非采暖期分别为 8 614 天、3 221 天、229 天、36 天、10 天和 21 天。详见图 4-59。

图 4-59 "十三五"期间全省累计各类级别天数情况

采暖期与非采暖期相比，全省 5 年累计优天数为非采暖期多于采暖期 3 682 天，良、轻度污染、中度污染、重度污染和严重污染天数采暖期分别多于非采暖期 1 755 天、774 天、257 天、207 天和 45 天。详见图 4-60。

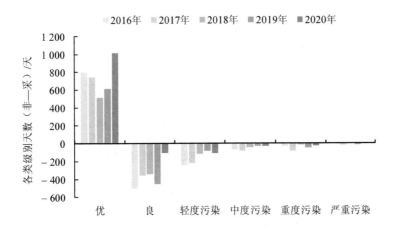

图 4-60 "十三五"期间全省累计各类级别天数对比情况

全省 5 年累计优天数比例为非采暖期高于采暖期 27.9%，良、轻度污染、中度污染、重度污染和严重污染天数比例采暖期分别多于非采暖期 16.6%、6.9%、2.2%、1.8% 和 0.4%。详见图 4-61。

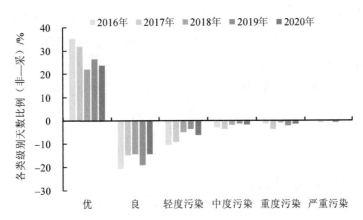

图 4-61 "十三五"期间全省累计各类级别天数比例对比情况

（3）污染物浓度情况

全省采暖期的 SO_2、NO_2、PM_{10}、$PM_{2.5}$ 和 CO 5 项污染物 5 年平均浓度（或特定百分位数均值浓度）分别高于非采暖期 9 μg/m³、8 μg/m³、30 μg/m³、28 μg/m³ 和 0.6 mg/m³，O_3-8h 低于采暖期 22 μg/m³。详见图 4-62。

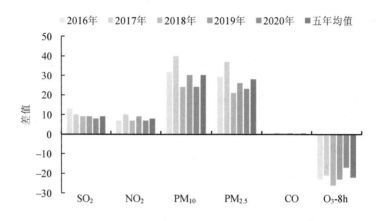

图4-62 "十三五"期间采暖期与非采暖期污染物浓度差值对比

4.6 降水质量及"十三五"期间的变化趋势

2020 年，全省 pH 年均值为 7.08；"十三五"期间，全省 pH 年均值范围为 6.88～7.08，酸雨频率为 0。2011—2020 年，全省降水 pH 均值整体呈显著上升趋势，酸雨频率为 0。

4.6.1 降水质量现状及同比变化情况

2020 年，全省 34 个测点共收集降水样品 988 个，其中酸雨（pH 小于 5.6）样品 0 个，酸雨频率为 0。全省 pH 年均值为 7.08，变化范围为 6.38～7.50。最低值出现在大兴安岭地区，最高值出现在黑河市。

与上年相比，2020 年全省 pH 升高了 0.18，更接近于中性（pH 均值为 7.0）；酸雨频率均为 0；阴阳离子中占比最大的硫酸根离子和钙离子浓度均有所降低。

4.6.2 "十三五"期间降水质量状况及变化趋势

（1）"十三五"期间降水质量状况

①降水酸度。"十三五"期间，全省城市 pH 均值范围为 6.88～7.08，呈现下降—上升交替变化的趋势，且越来越接近于中性（pH 均值为 7.0），并只有 2020 年为碱性，其他 4 年均为酸性。详见图 4-63。

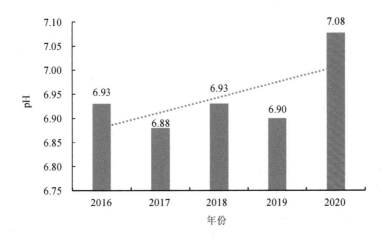

图4-63 2016—2020年全省城市pH均值比较

②酸雨频率。"十三五"期间，均未见酸雨样本，酸雨频率均为0。

③降水化学组成。"十三五"期间，降水化学组成中的 SO_4^{2-}、NO_3^-、F^-、Cl^-、NH_4^+、Ca^{2+}、K^+浓度最高的年份均为2019年；Mg^{2+}、Na^+浓度最高的年份为2020年。各项离子当量浓度的年度变化，详见图4-64。

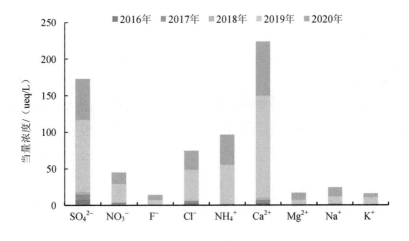

图4-64 2016—2020年全省降水离子当量浓度的年度变化

4.6.3 "十三五"期间与"十二五"期间降水质量变化情况

2011—2020年，全省降水pH均值呈现波动变化，但整体呈现上升的趋势，且越来越接近于中性（pH均值为7.0）。秩相关结果说明降水pH整体呈显著上升趋势，即有向碱性变化的趋势。10年间全省酸雨频率均为0；降水化学组成中的阳离子浓度最高的均

为 Ca^{2+}，阴离子浓度最高的均为 SO_4^{2-}。可见，硫酸盐一直是全省降水中的主要致酸物质。

（1）降水酸度

2011—2020 年，全省降水 pH 均值呈现波动变化，但整体呈现上升的趋势，且越来越接近于中性（pH 均值为 7.0）。秩相关结果 r_s=0.8，说明降水 pH 整体呈显著上升趋势，即有向碱性变化的趋势。详见图 4-65。

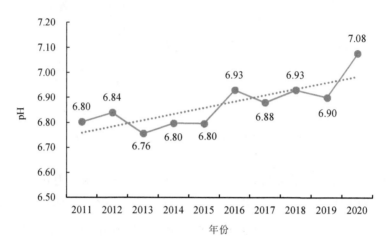

图 4-65　2011—2020 年全省 pH 均值对比

（2）酸雨频率

2011—2020 年，全省降水均无酸雨样本，酸雨频率均为 0。

（3）降水化学组成

2011—2020 年，全省降水化学组成中的阳离子浓度最高的均为 Ca^{2+}，阴离子浓度最高的均为 SO_4^{2-}。可见，硫酸盐一直是全省降水中的主要致酸物质。

第五章　地表水环境质量状况

5.1　地表水环境质量现状及同比变化情况

2020 年，全省设有 133 个地表水监测断面，共监测 44 条河流 15 个湖库。全省地表水水质状况为轻度污染，Ⅰ～Ⅲ类水质比例为 63.2%，劣Ⅴ类水质比例为 3.8%。与上年相比，Ⅰ～Ⅲ类水质比例上升 1.8%，劣Ⅴ类水质比例无变化。

5.1.1　全省河流水质状况

（1）河流水质现状

2020 年，全省河流水质状况总体为轻度污染。国控、省控河流断面 107 个。Ⅱ类水质占 8.4%，Ⅲ类水质占 61.7%，Ⅳ类水质占 23.4%，Ⅴ类水质占 1.9%，劣Ⅴ类水质占 4.7%。有 74 个断面能够达到其功能区水质目标要求，达标率为 69.2%。与上年相比，Ⅰ～Ⅲ类水质比例上升 2.2%，劣Ⅴ类水质比例上升 0.9%，功能区达标率下降 1.6%。详见图 5-1 和图 5-2。

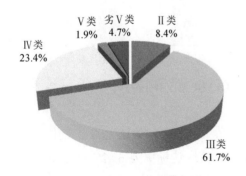

图 5-1　全省河流水质类别比例

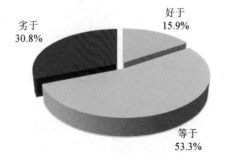

图 5-2　全省河流断面功能区达标情况

在 44 条主要河流中，有 28 条河流的水质状况为优良；11 条河流的水质状况为轻度污染；1 条河流的水质状况为中度污染；4 条河流的水质状况为重度污染。主要污染指标为高锰酸盐指数、化学需氧量和氨氮，断面超标率分别为 23.4%、18.7% 和 5.6%。详见图 5-3。

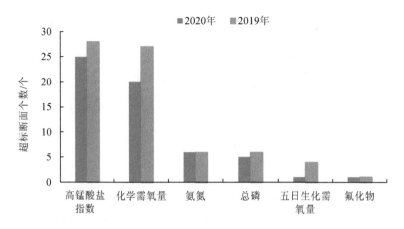

图 5-3　污染指标同比统计

（2）各水系水质状况

2020 年，四大水系松花江、黑龙江和乌苏里江水系的水质状况均为轻度污染，绥芬河水系的水质状况为良好。与上年相比，除乌苏里江水系水质状况有所变差（由良好变为轻度污染）外，其他水系均无明显变化。四大水系水质类别比例分布情况详见图 5-4。

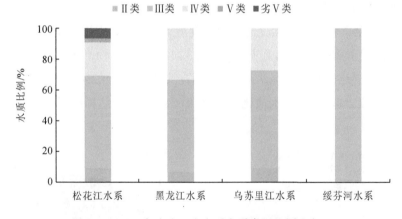

图 5-4　2020 年全省四大水系水质类别比例分布

①松花江水系。松花江水系水质状况为轻度污染，与上年相比无明显变化。Ⅰ～Ⅲ类水质比例为 69.2%，劣Ⅴ类水质比例为 6.4%。功能区达标率为 69.2%，主要污染指标为化学需氧量、高锰酸盐指数和氨氮，断面超标率分别为 20.5%、20.5%和 6.4%。

松花江干流水质状况为良好，与上年相比无明显变化。Ⅰ～Ⅲ类水质比例为 76.5%。功能区达标率为 76.5%，主要污染指标为化学需氧量、高锰酸盐指数和总磷。

松花江水系的 31 条主要支流，水质状况为优良的有 19 条，水质状况为轻度污染的有 7 条，水质状况为中度污染的有 1 条，水质状况为重度污染的有 4 条。

②黑龙江水系。黑龙江水系水质状况为轻度污染，与上年相比无明显变化。Ⅰ～Ⅲ类水质比例为 66.7%。功能区达标率为 66.7%，主要污染指标为高锰酸盐指数、化学需氧量、总磷和氨氮，断面超标率分别为 33.3%、20.0%、6.7% 和 6.7%。

黑龙江干流水质状况为轻度污染，与上年相比无明显变化。Ⅰ～Ⅲ类水质比例为 70.0%。功能区达标率为 70.0%，主要污染指标为高锰酸盐指数和化学需氧量。

黑龙江水系的 4 条主要支流，水质状况为良好的有 2 条，水质状况为轻度污染的有 2 条。

③乌苏里江水系。乌苏里江水系水质状况为轻度污染。与上年相比有所变差，由良好变为轻度污染。Ⅰ～Ⅲ类水质比例为 72.7%。功能区达标率为 72.7%，主要污染指标为高锰酸盐指数，断面超标率为 27.3%。

乌苏里江干流水质状况为良好。乌苏里江水系 4 条主要支流，水质状况为良好的有 3 条，水质状况为轻度污染的有 1 条。

④绥芬河水系。绥芬河水系水质状况为良好。与上年相比无明显变化。功能区达标率为 66.7%，主要污染指标为高锰酸盐指数和化学需氧量，断面超标率分别为 33.3% 和 33.3%。

绥芬河干流与主要支流小绥芬河的水质状况均为良好。

（3）各水期水质状况

2020 年，全省各水期水质状况均为轻度污染。枯水期、平水期、丰水期的Ⅰ～Ⅲ类水质比例分别为 68.9%、67.3% 和 55.1%，劣Ⅴ类水质比例分别为 3.9%、2.8% 和 0.9%，均呈现枯水期高于平水期，平水期高于丰水期的变化规律。

与上年相比，Ⅰ～Ⅲ类水质比例，枯水期下降 5.1%，平水期和丰水期分别上升 3.1% 和 13.2%。劣Ⅴ类水质比例，枯水期、平水期、丰水期分别下降 3.1%、1.0% 和 1.0%。详见图 5-5。

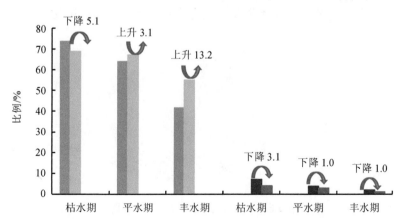

图 5-5 全省河流枯水期、平水期、丰水期同比变化情况

①枯水期。全省河流水质状况总体为轻度污染,国控、省控河流断面 107 个,共监测 103 个断面,有 4 个断面因河流封冻等原因未开展监测。Ⅰ类水质占 1.9%,Ⅱ类水质占 22.3%,Ⅲ类水质占 44.7%,Ⅳ类水质占 17.5%,Ⅴ类水质占 9.7%,劣Ⅴ类水质占 3.9%。有 71 个断面能够达到其功能区水质目标要求,达标率为 68.9%,主要污染指标为高锰酸盐指数、氨氮和化学需氧量。

②平水期。全省河流水质状况总体为轻度污染,国控、省控河流断面 107 个。Ⅱ类水质占 8.4%,Ⅲ类水质占 58.9%,Ⅳ类水质占 27.1%,Ⅴ类水质占 2.8%,劣Ⅴ类水质占 2.8%。有 73 个断面能够达到其功能区水质目标要求,达标率为 68.2%,主要污染指标为高锰酸盐指数、化学需氧量和总磷。

③丰水期。全省河流水质状况总体为轻度污染,国控、省控河流断面 107 个。Ⅱ类水质占 4.7%,Ⅲ类水质占 50.5%,Ⅳ类水质占 37.4%,Ⅴ类水质占 6.5%,劣Ⅴ类水质占 0.9%。有 61 个断面能够达到其功能区水质目标要求,达标率为 57.0%,主要污染指标为高锰酸盐指数、化学需氧量和总磷。

5.1.2 全省湖库水质状况

(1)湖库水质现状

2020 年,在 15 个湖库的 26 个点位中,Ⅰ～Ⅲ类水质比例为 34.6%,无劣Ⅴ类点位。有 13 个点位能够达到其功能区水质目标要求,达标率为 50.0%,主要污染指标为总磷、高锰酸盐指数和化学需氧量。总氮单独评价时,有 22 个点位的总氮浓度达到其功能区水质目标要求,达标率为 84.6%。与上年相比,Ⅰ～Ⅲ类水质比例无变化,劣Ⅴ类水质比例下降 3.8%,功能区达标率上升 11.5%。总氮单独评价时,达标率无变化。

在 15 个湖库中,水质状况为良好的有 9 个(60.0%),水质状况为轻度污染的有 4 个(26.7%),水质状况为中度污染的有 2 个(13.3%)。与上年相比,连环湖水库明显好转,由重度污染变为轻度污染,其余水库均无明显变化。详见图 5-6 和表 5-1。

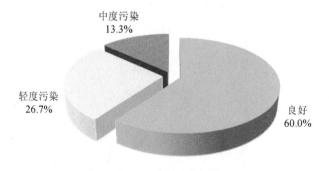

图 5-6 2020 年全省湖库水质状况比例

表 5-1　2020 年全省湖库水质状况

水体名称	水质状况	同比	主要污染指标	同比变化情况
磨盘山水库	良好	良好	—	无明显变化
哈达水库	良好	良好	—	无明显变化
团山水库	良好	良好	—	无明显变化
五号水库	良好	良好	—	无明显变化
细鳞河水库	良好	良好	—	无明显变化
新水源	良好	良好	—	无明显变化
大庆水库	良好	良好	—	无明显变化
红旗水库	良好	良好	—	无明显变化
镜泊湖	良好	良好	—	无明显变化
连环湖	轻度污染	重度污染	总磷、高锰酸盐指数、化学需氧量	明显好转
莲花水库	轻度污染	轻度污染	总磷	无明显变化
山口水库	轻度污染	轻度污染	高锰酸盐指数、化学需氧量	无明显变化
小兴凯湖	轻度污染	轻度污染	总磷	无明显变化
尼尔基水库	中度污染	中度污染	总磷	无明显变化
兴凯湖	中度污染	中度污染	总磷	无明显变化

注："—"为湖库水质状况达标，无主要污染指标。

在 15 个湖库中，属于中营养的有 9 个，分别是磨盘山水库、细鳞河水库、新水源、红旗水库、兴凯湖、大庆水库、镜泊湖、团山水库和五号水库；属于轻度富营养的有 5 个，分别是哈达水库、小兴凯湖、尼尔基水库、莲花水库和连环湖；属于中度富营养的有 1 个，为山口水库。详见图 5-7。

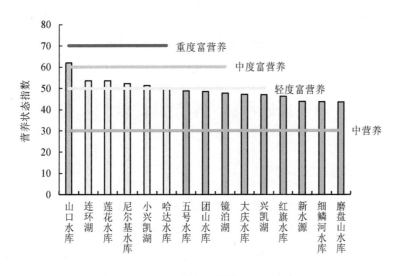

图 5-7　2020 年全省湖库营养状态指数

（2）主要湖库水质状况

镜泊湖水质状况为良好，属中度富营养。与上年相比，水质无明显变化。营养状态指数升高 0.2，营养状态无明显变化。

兴凯湖水质状况为中度污染，属中度富营养。与上年相比，水质无明显变化。营养状态指数降低 3.5，营养状态有所好转，由轻度富营养变为中度富营养。

小兴凯湖水质状况为轻度污染，属轻度富营养。与上年相比，水质无明显变化。营养状态指数降低 0.2，营养状态无明显变化。

磨盘山水库水质状况为良好，属中度富营养。与上年相比，水质无明显变化。营养状态指数降低 2.7，营养状态无明显变化。

莲花水库水质状况为轻度污染，属轻度富营养。与上年相比，水质无明显变化。营养状态指数升高 0.7，营养状态指数无明显变化。详见图 5-8。

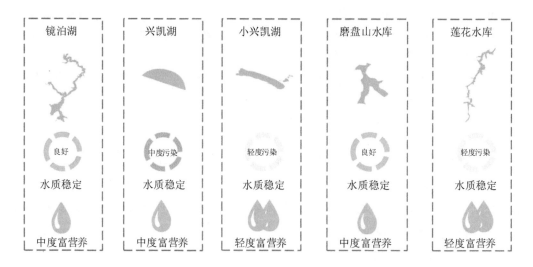

图 5-8　2020 年主要湖库水质状况

5.2　"十三五"期间地表水环境质量状况及变化趋势

5.2.1　总体水质变化状况

"十三五"期间，全省地表水水质总体呈波动变化趋势，水质状况均为轻度污染。Ⅰ～Ⅲ类水质比例分别为 64.5%、63.2%、52.6%、61.4% 和 63.2%，劣Ⅴ类水质比例分别为 4.5%、3.0%、3.8%、3.8% 和 3.8%。功能区达标率分别为 69.0%、71.4%、58.6%、64.4% 和 65.4%。主要污染指标为高锰酸盐指数、化学需氧量、氨氮和总磷。详见图 5-9。

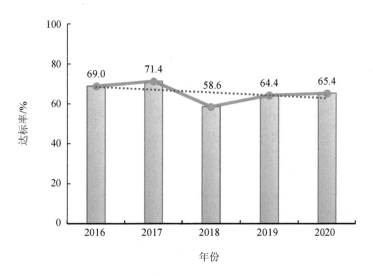

图 5-9 "十三五"期间全省地表水功能区达标率变化情况

5.2.2 全省河流水质变化趋势

"十三五"期间，全省河流水质均为轻度污染。Ⅰ～Ⅲ类水质比例、劣Ⅴ类水质比例和达标率均呈波动变化趋势。全省河流功能区达标率为 63.6%～73.8%，2018 年最低，2017 年最高。Ⅰ～Ⅲ类水质比例为 57.9%～71.0%，2018 年最低，2017 年最高。劣Ⅴ类水质比例为 3.7%～5.8%，2017 年最低，2016 年最高。主要污染指标为高锰酸盐指数、化学需氧量、总磷和氨氮。详见图 5-10。

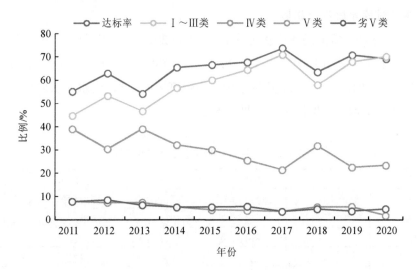

图 5-10 2011—2020 年全省河流水质类别比例和达标率变化情况

5.2.3 全省湖库水质变化趋势

（1）全省湖库水质变化趋势

"十三五"期间，Ⅰ～Ⅲ类水质比例和达标率均呈波动变化趋势。全省湖库功能区达标率为38.5%～73.5%，2018年和2019年为低值，2016年为最高值。Ⅰ～Ⅲ类水质比例为30.8%～64.7%，2017年和2018年为低值，2016年最高。劣Ⅴ类水质比例除2019年为3.8%外，其他均无劣Ⅴ类点位。详见图5-11。

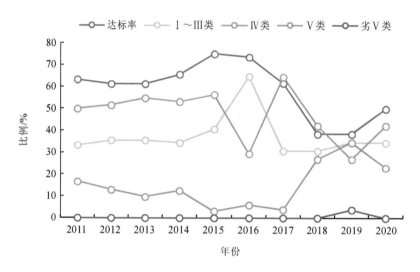

图 5-11 2011—2020 年全省湖库水质类别比例和达标率变化情况

（2）主要湖库水质变化趋势

"十三五"期间，镜泊湖水质状况除2017年和2018年为轻度污染外，其余年份均为良好；兴凯湖水质状况2016年为良好，2017年为轻度污染，其余年份均为中度污染；小兴凯湖水质状况2016年为良好，其余年份均为轻度污染；磨盘山水库水质状况均为良好；莲花水库水质状况均为轻度污染。详见表5-2。

表 5-2 "十三五"期间主要湖库水质状况

主要湖库	2016 年	2017 年	2018 年	2019 年	2020 年
镜泊湖	良好	轻度污染	轻度污染	良好	良好
兴凯湖	良好	轻度污染	中度污染	中度污染	中度污染
小兴凯湖	良好	轻度污染	轻度污染	轻度污染	轻度污染
磨盘山水库	良好	良好	良好	良好	良好
莲花水库	轻度污染	轻度污染	轻度污染	轻度污染	轻度污染

注："绿色"为水质状况良好，"黄色"为水质状况轻度污染，"橙色"为水质状况中度污染。

（3）主要湖库营养状态变化趋势

"十三五"期间，在主要湖库中，镜泊湖和磨盘山水库营养状态均为中度富营养；兴凯湖 2018 年和 2020 年为中度富营养，其余年份均为轻度富营养；小兴凯湖 2018 年为中度富营养，其余年份均为轻度富营养；莲花水库 2016 年和 2017 年为中度富营养，其余年份均为轻度富营养。详见表 5-3。

表 5-3 "十三五"期间主要湖库营养状态情况

主要湖库	2016 年	2017 年	2018 年	2019 年	2020 年
镜泊湖	中度富营养	中度富营养	中度富营养	中度富营养	中度富营养
兴凯湖	轻度富营养	轻度富营养	中度富营养	轻度富营养	中度富营养
小兴凯湖	轻度富营养	轻度富营养	中度富营养	轻度富营养	轻度富营养
磨盘山水库	中度富营养	中度富营养	中度富营养	中度富营养	中度富营养
莲花水库	中度富营养	中度富营养	轻度富营养	轻度富营养	轻度富营养

注："绿色"为中营养状态，"黄色"为轻度富营养状态。

5.2.4 地表水环境质量状况秩相关分析

（1）全省河流水质状况秩相关分析

"十三五"期间Ⅰ～Ⅲ类水质比例和达标率均呈波动变化趋势，秩相关系数分别为 0.200 和 0.100；2011—2020 年的 10 年间均呈显著上升趋势，秩相关系数分别为 0.855 和 0.770；"十三五"期间劣Ⅴ类水质比例下降 1.1%，呈波动变化趋势，秩相关系数为 −0.150；2011—2020 年的 10 年间呈显著下降趋势，秩相关系数为 −0.830。详见图 5-12 和表 5-4。

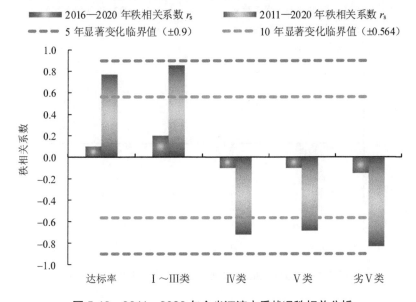

图 5-12 2011—2020 年全省河流水质状况秩相关分析

表 5-4 2011—2020 年全省河流水质类别比例和达标率变化趋势统计

年份	达标率	Ⅰ~Ⅲ类	Ⅳ类	Ⅴ类	劣Ⅴ类
2011	55.2%	44.8%	39.1%	8.0%	8.0%
2012	63.0%	53.3%	30.4%	7.6%	8.7%
2013	54.3%	46.8%	39.1%	7.6%	6.5%
2014	65.6%	56.7%	32.2%	5.6%	5.6%
2015	66.7%	60.0%	30.0%	4.4%	5.6%
2016	67.8%	64.5%	25.6%	4.1%	5.8%
2017	73.8%	71.0%	21.5%	3.7%	3.7%
2018	63.6%	57.9%	31.8%	5.6%	4.7%
2019	70.8%	67.9%	22.6%	5.7%	3.8%
2020	69.2%	70.1%	23.4%	1.9%	4.7%
2016—2020 年秩相关系数 r_s	0.100	0.200	−0.100	−0.100	−0.150
变化趋势	波动变化	波动变化	波动变化	波动变化	波动变化
2011—2020 年秩相关系数 r_s	0.770	0.855	−0.721	−0.685	−0.830
变化趋势	显著上升	显著上升	显著下降	显著下降	显著下降

注："绿色"为Ⅰ~Ⅲ类水质,"黄色"为Ⅳ类水质,"橙色"为Ⅴ类水质,"红色"为劣Ⅴ类水质。

（2）全省湖库水质状况秩相关分析

"十三五"期间Ⅰ~Ⅲ类水质比例和达标率均呈波动变化趋势,秩相关系数分别为 0.000 和−0.600。2011—2020 年的 10 年间均呈波动变化趋势,秩相关系数分别为−0.152 和−0.467。详见图 5-13 和表 5-5。

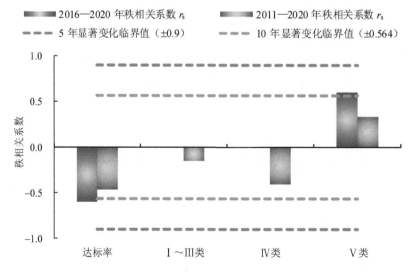

图 5-13 2011—2020 年全省湖库水质状况秩相关分析

表 5-5 2011—2020 年全省湖库水质类别比例和达标率变化趋势统计

年份	达标率	Ⅰ～Ⅲ类	Ⅳ类	Ⅴ类	劣Ⅴ类
2011	63.3%	33.3%	50.0%	16.7%	0%
2012	61.3%	35.5%	51.6%	12.9%	0%
2013	61.3%	35.5%	54.8%	9.7%	0%
2014	65.6%	34.4%	53.1%	12.5%	0%
2015	75.0%	40.6%	56.3%	3.1%	0%
2016	73.5%	64.7%	29.4%	5.9%	0%
2017	61.5%	30.8%	64.5%	3.8%	0%
2018	38.5%	30.8%	42.3%	26.9%	0%
2019	38.5%	34.6%	26.9%	34.6%	3.8%
2020	50.0%	34.6%	42.3%	23.1%	0%
2016—2020 年秩相关系数 r_s	−0.600	0.000	0.000	0.600	—
变化趋势	波动变化	波动变化	波动变化	波动变化	—
2011—2020 年秩相关系数 r_s	−0.467	−0.152	−0.406	0.333	—
变化趋势	波动变化	波动变化	波动变化	波动变化	—

注："绿色"为Ⅰ～Ⅲ类水质，"黄色"为Ⅳ类水质，"橙色"为Ⅴ类水质，"红色"为劣Ⅴ类水质。"—"为因数据相对稳定，无法进行秩相关计算。

5.2.5 全省地表水自动监测水质状况

（1）2020 年全省地表水自动监测水质情况

2020 年全省地表水水质自动监测结果显示，Ⅰ～Ⅲ类水质占 57.2%，Ⅳ类水质占 35.7%，Ⅴ类水质占 7.1%。与上年相比，Ⅰ～Ⅲ类水质比例上升 3.8%，Ⅴ类水质比例上升 2.7%。

全年水质类别比例呈波动变化趋势。Ⅰ～Ⅲ类水质比例随着季节性雨量的变化而波动，自 5 月起开始下降，至 9 月下降到最低值，9 月汛期过后开始回升。Ⅳ类、Ⅴ类水质比例与Ⅰ～Ⅲ类水质比例呈对应变化趋势。详见图 5-14。

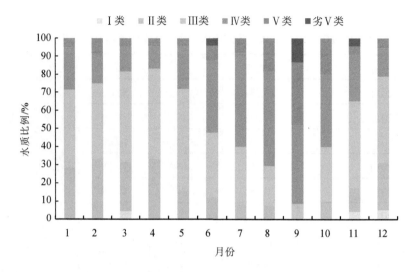

图 5-14 2020 年全省地表水自动监测每月水质情况

5.3 "十三五"末与"十二五"末地表水环境质量对比变化情况

5.3.1 全省河流水质状况对比

"十三五"末与"十二五"末相比,全省河流Ⅰ～Ⅲ类水质比例和功能区达标率分别上升 10.1% 和 2.5%,劣Ⅴ类水质比例下降 0.9%。详见图 5-15。

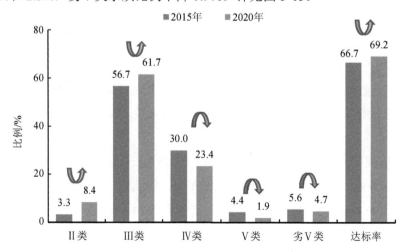

图 5-15 2020 年与 2015 年全省河流达标率及水质类别比例对比情况

"十三五"末与"十二五"末相比，全省四大水系对比情况如下：

松花江水系Ⅰ～Ⅲ类水质比例上升 5.1%，劣Ⅴ类水质比例下降 1.4%。

黑龙江水系Ⅰ～Ⅲ类水质比例和劣Ⅴ类水质比例均保持不变。

乌苏里江水系Ⅰ～Ⅲ类水质比例上升 34.2%。

绥芬河水系有所好转，水质由Ⅳ类变为Ⅲ类。

5.3.2　全省湖库水质状况对比

"十三五"末与"十二五"末相比，全省湖库Ⅰ～Ⅲ类水质比例和功能区达标率分别下降 6.0% 和 25.0%，劣Ⅴ类水质比例下降 3.1%。详见图 5-16。

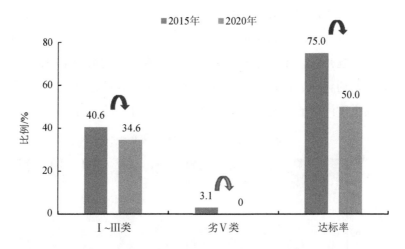

图 5-16　2020 年与 2015 年全省湖库达标率及水质类别比例对比情况

"十三五"末与"十二五"末相比，全省主要湖库对比情况如下：

镜泊湖水质无明显变化，水质状况均为良好。营养状态指数相比 2015 年上升 3.6，均属中度富营养。

兴凯湖水质有所变差，水质状况 2015 年为轻度污染，2020 年为中度污染。营养状态指数相比 2015 年下降 2.8，均属中度富营养。

小兴凯湖水质无明显变化，水质状况均为轻度污染。营养状态指数相比 2015 年上升 0.9，均属轻度富营养。

磨盘山水库水质无明显变化，水质状况均为良好。营养状态指数相比 2015 年下降 2.3，均属中度富营养。

莲花水库水质无明显变化，水质状况均为轻度污染。营养状态指数相比 2015 年上升 5.0，2015 年属中度富营养，2020 年属轻度富营养。

5.4 "十三五"期间地表水环境质量时空变化分布规律及其相关性分析

5.4.1 各水系水质时空变化趋势

（1）松花江水系

"十三五"期间松花江水系水质均为轻度污染，功能区达标率为67.9%～76.9%，2018年最低，2017年最高。Ⅰ～Ⅲ类水质比例为59.0%～71.8%，2018年最低，2017年最高。劣Ⅴ类水质比例为3.8%～7.9%，2017年最低，2016年最高。水质持续优良的河流为巴兰河、白杨木河、岔林河、多布库尔河、蜚克图河、甘河、海浪河、鹤立河、呼兰河、拉林河、蚂蚁河、牡丹江、木兰达河、讷谟尔河、嫩江、泥河、诺敏河、少陵河、松花江干流、汤旺河、通肯河、倭肯河、乌裕尔河、梧桐河、西南岔河、雅鲁河、伊春河和音河；水质持续重度污染的河流是安肇新河和肇兰新河。详见图5-17。

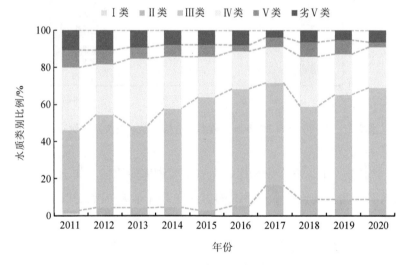

图 5-17 2011—2020 年松花江水系断面水质类别比例

"十三五"期间Ⅰ～Ⅲ类水质比例呈波动变化趋势，秩相关系数为-0.100，2011—2020年的10年间呈显著上升趋势，秩相关系数为0.818；"十三五"期间劣Ⅴ类水质比例下降1.5%，呈波动变化趋势，秩相关系数为-0.100，2011—2020年的10年间呈显著下降趋势，秩相关系数为-0.842。详见表5-6。

表 5-6 2011—2020 年松花江水系水质类别比例变化趋势统计

年份	Ⅰ～Ⅲ类	Ⅳ类	Ⅴ类	劣Ⅴ类
2011	46.2%	33.8%	9.2%	10.8%
2012	54.5%	27.3%	7.6%	10.6%
2013	48.5%	36.4%	6.1%	9.1%
2014	57.8%	28.1%	6.3%	7.8%
2015	64.1%	21.9%	6.3%	7.8%
2016	68.5%	20.2%	3.4%	7.9%
2017	71.8%	19.2%	5.1%	3.8%
2018	59.0%	26.9%	7.7%	6.4%
2019	65.4%	21.8%	7.7%	5.1%
2020	69.2%	21.8%	2.6%	6.4%
2016—2020 年秩相关系数 r_s	−0.100	0.600	0.000	−0.100
变化趋势	波动变化	波动变化	波动变化	波动变化
2011—2020 年秩相关系数 r_s	0.818	−0.709	−0.345	−0.842
变化趋势	显著上升	显著下降	波动变化	显著下降

注："绿色"为Ⅰ～Ⅲ类水质，"黄色"为Ⅳ类水质，"橙色"为Ⅴ类水质，"红色"为劣Ⅴ类水质。

（2）黑龙江水系

"十三五"期间黑龙江水系水质均为轻度污染，功能区达标率为 46.7%～67.8%，2018 年最低，2016 年最高；Ⅰ～Ⅲ类水质比例为 46.7%～66.7%，2018 年最低，2019 年和 2020 年为高值；劣Ⅴ类水质比例除 2017 年为 6.7%外，均无劣Ⅴ类断面。详见图 5-18。

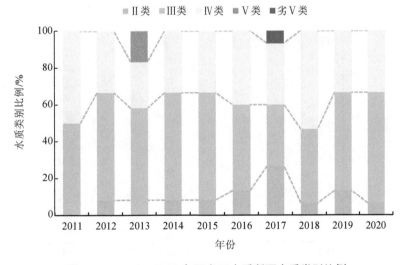

图 5-18 2011—2020 年黑龙江水系断面水质类别比例

"十三五"末与"十二五"末相比,黑龙江水系Ⅰ~Ⅲ类水质比例和劣Ⅴ类水质比例均保持不变。2011—2020年的10年间,各类水质比例相对稳定,无法进行秩相关计算。详见表5-7。

表 5-7　2011—2020 年黑龙江水系水质类别比例变化趋势统计

年份	Ⅰ~Ⅲ类	Ⅳ类	Ⅴ类	劣Ⅴ类
2011	50.0%	50.0%	0.0%	0.0%
2012	66.7%	33.3%	0.0%	0.0%
2013	58.3%	25.0%	16.7%	0.0%
2014	66.7%	33.3%	0.0%	0.0%
2015	66.7%	33.3%	0.0%	0.0%
2016	60.0%	40.0%	0.0%	0.0%
2017	60.0%	33.3%	0.0%	6.7%
2018	46.7%	53.3%	0.0%	0.0%
2019	66.7%	33.3%	0.0%	0.0%
2020	66.7%	33.3%	0.0%	0.0%

注:"绿色"为Ⅰ~Ⅲ类水质,"黄色"为Ⅳ类水质,"橙色"为Ⅴ类水质,"红色"为劣Ⅴ类水质。

(3) 乌苏里江水系

"十三五"期间乌苏里江水系水质除 2019 年为良好外,其余年份均为轻度污染,功能区达标率为 35.7%~80.0%,2016 年最低,2019 年最高;Ⅰ~Ⅲ类水质比例为 35.7%~80.0%,2016 年最低,2019 年最高;均无劣Ⅴ类水体。详见图 5-19。

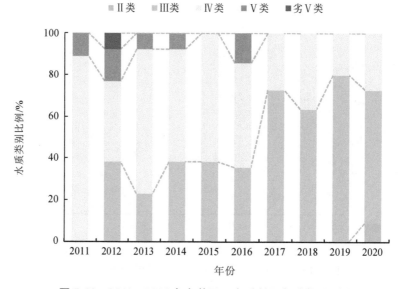

图 5-19　2011—2020 年乌苏里江水系断面水质类别比例

"十三五"期间Ⅰ～Ⅲ类水质比例呈波动变化趋势，秩相关系数为 0.800。2011—2020 年的 10 年间呈显著上升趋势，秩相关系数为 0.782。详见表 5-15。

表 5-8 2011—2020 年乌苏里江水系水质类别比例变化趋势统计

年份	Ⅰ～Ⅲ类	Ⅳ类	Ⅴ类	劣Ⅴ类
2011	30.8%	61.5%	7.7%	0.0%
2012	38.5%	38.5%	15.4%	7.7%
2013	23.1%	69.2%	7.7%	0.0%
2014	38.5%	53.8%	7.7%	0.0%
2015	38.5%	61.5%	0.0%	0.0%
2016	35.7%	50.0%	14.3%	0.0%
2017	72.7%	27.3%	0.0%	0.0%
2018	63.6%	36.4%	0.0%	0.0%
2019	80.0%	20.0%	0.0%	0.0%
2020	72.7%	27.3%	0.0%	0.0%
2016—2020 年秩相关系数 r_s	0.800	−0.500	—	—
变化趋势	波动变化	波动变化	—	—
2011—2020 年秩相关系数 r_s	0.782	−0.733	—	—
变化趋势	显著上升	显著下降	—	—

注："绿色"为Ⅰ～Ⅲ类水质，"黄色"为Ⅳ类水质，"橙色"为Ⅴ类水质，"红色"为劣Ⅴ类水质。"—"为因数据相对稳定，无法进行秩相关计算。

（4）绥芬河水系

"十三五"期间绥芬河水系水质均为良好。详见表 5-9。

表 5-9 2011—2020 年绥芬河水系水质类别比例变化趋势统计

年份	水质类别
2011	Ⅲ类
2012	Ⅳ类
2013	Ⅲ类
2014	Ⅲ类
2015	Ⅳ类
2016	Ⅲ类
2017	Ⅲ类
2018	Ⅲ类
2019	Ⅲ类
2020	Ⅲ类

注："绿色"为Ⅲ类水质，"黄色"为Ⅳ类水质。

"十三五"期间绥芬河干流水质均为良好,支流小绥芬河水质除 2018 年为轻度污染外,其余年份均为良好。

5.4.2 各水期水质变化趋势

2011—2020 年,全省河流 3 个不同水期的断面水质类别比例和主要污染物变化数据,详见表 5-10 和表 5-11。

（1）枯水期

"十三五"期间,枯水期 I～III类水质比例为 52.0%～74.0%,劣 V 类水质比例为 3.9%～9.2%。I～III类水质比例和劣 V 类水质比例均呈波动变化趋势。

（2）平水期

"十三五"期间,平水期 I～III类水质比例为 62.6%～69.2%,劣 V 类水质比例为 2.8%～7.4%。I～III类水质比例和劣 V 类水质比例均呈波动变化趋势。

（3）丰水期

"十三五"期间,丰水期 I～III类水质比例为 26.4%～64.5%,劣 V 类水质比例为 0.9%～5.8%。I～III类水质比例呈波动变化趋势,劣 V 类水质比例呈显著下降趋势。

表 5-10　2011—2020 年全省河流各水期 I～III类水质比例及变化趋势

年份	I～III类水质比例		
	枯水期	平水期	丰水期
2011	39.2%	31.3%	38.6%
2012	47.1%	48.9%	51.1%
2013	50.0%	43.5%	30.4%
2014	58.6%	61.1%	55.6%
2015	57.0%	56.7%	51.1%
2016	70.9%	66.9%	61.2%
2017	74.0%	69.2%	64.5%
2018	52.0%	62.6%	26.4%
2019	74.0%	64.2%	41.9%
2020	68.9%	67.3%	55.1%
2016—2020 年秩相关系数 r_s	−0.350	−0.100	−0.500
变化趋势	波动变化	波动变化	波动变化
2011—2020 年秩相关系数 r_s	0.770	0.842	0.200
变化趋势	显著上升	显著上升	波动变化

注:"绿色"为各年中 I～III类水质比例最高的水期,"黄色"为各年中 I～III类水质比例最低的水期。

表 5-11　2011—2020 年全省河流各水期劣 Ⅴ 类水质比例及变化趋势

年份	劣Ⅴ类水质比例		
	枯水期	平水期	丰水期
2011	7.6%	7.2%	8.4%
2012	13.8%	6.7%	6.7%
2013	6.8%	7.6%	7.6%
2014	3.4%	5.6%	5.6%
2015	5.8%	5.6%	5.6%
2016	5.5%	7.4%	5.8%
2017	5.0%	2.8%	3.7%
2018	9.2%	5.6%	2.8%
2019	7.0%	3.8%	1.9%
2020	3.9%	2.8%	0.9%
2016—2020 年秩相关系数 r_s	−0.200	−0.400	−1.000
变化趋势	波动变化	波动变化	显著下降
2011—2020 年秩相关系数 r_s	−0.333	−0.648	−0.939
变化趋势	波动变化	显著下降	显著下降

注："绿色"为各年中劣Ⅴ类水质比例最低的水期，"黄色"为各年中劣Ⅴ类水质比例最高的水期。

（4）水期比较

2011—2020 年，对丰水期和枯水期Ⅰ～Ⅲ类水质比例进行比较，丰水期 1 年高于枯水期（2012 年），9 年低于枯水期；劣Ⅴ类水质比例中丰水期 4 年高于枯水期（2011 年、2013 年、2014 年、2016 年），其余年份均为丰水期低于枯水期。详见图 5-20。

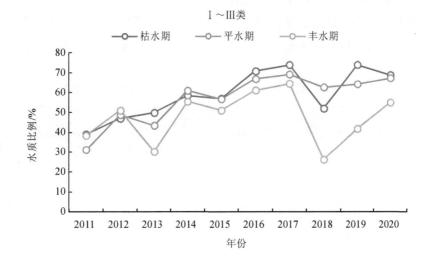

Ⅰ～Ⅲ类

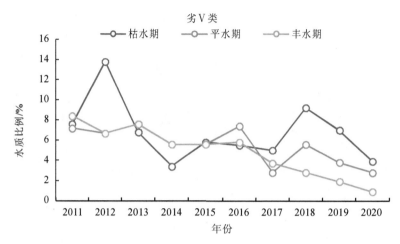

图 5-20　2011—2020 年枯水期、丰水期、平水期断面优良及劣Ⅴ类水质比例

5.4.3　主要污染指标变化趋势

（1）污染物浓度变化

"十三五"期间，全省 4 项主要污染指标的变化趋势不显著，呈波动变化趋势。与"十二五"末相比，"十三五"末全省河流主要污染指标高锰酸盐指数、化学需氧量、氨氮和总磷的污染浓度分别下降 16.7%、18.2%、34.7% 和 33.3%。2011—2020 年的 10 年间高锰酸盐指数、化学需氧量、氨氮和总磷呈显著下降趋势。

（2）综合污染指数变化

采用综合指数法对主要污染指标进行评价，"十三五"期间综合指数评价结果表明，高锰酸盐指数、化学需氧量、氨氮和总磷 4 种主要污染指标的污染分指数在全省综合污染指数的分担率最大的是化学需氧量，最小的是氨氮。详见表 5-12 和图 5-21。

表 5-12　全省河流主要污染指标综合污染指数分担率　　　　　　　单位：%

年份	高锰酸盐指数综合污染指数分担率	化学需氧量综合污染指数分担率	氨氮综合污染指数分担率	总磷综合污染指数分担率
2011	26.0	28.5	17.8	27.8
2012	28.2	31.3	19.9	20.6
2013	29.5	31.1	18.6	20.8
2014	30.8	32.4	16.3	20.6
2015	30.6	31.8	16.7	20.9
2016	30.5	32.7	17.3	19.6
2017	29.2	31.6	19.8	19.4
2018	29.8	31.4	18.4	20.3
2019	32.1	33.8	16.4	17.7
2020	33.1	32.9	15.3	18.7

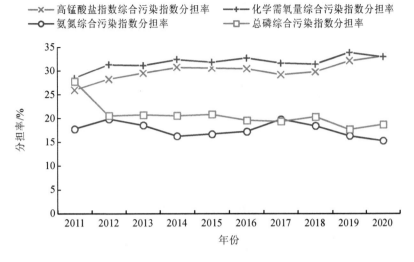

图 5-21　2011—2020 年全省河流主要污染指标综合污染指数分担率

"十三五"期间，各水系综合污染程度均呈波动变化。各水系综合污染程度中松花江水系较高，乌苏里江水系其次，黑龙江水系最低。

5.4.4　主要污染指标相关性分析

采用斯皮尔曼相关性分析对松花江水系、黑龙江水系、乌苏里江水系和绥芬河水系的高锰酸盐指数、化学需氧量、总磷和氨氮这 4 项指标进行相关性分析。从各指标间的相关系数可以得出以下结论：

松花江水系，高锰酸盐指数与化学需氧量和总磷相关性显著；化学需氧量与高锰酸盐指数、总磷和氨氮均相关性显著；总磷与高锰酸盐指数、化学需氧量和氨氮均相关性显著；氨氮与化学需氧量和总磷相关性显著。详见表 5-13。

表 5-13　松花江水系主要污染指标间相关系数

指标		高锰酸盐指数	化学需氧量	总磷	氨氮
高锰酸盐指数		1.000	0.927**	0.867**	0.467
化学需氧量	相关系数	0.927**	1.000	0.915**	0.721*
总磷		0.867**	0.915**	1.000	0.661*
氨氮		0.467	0.721*	0.661*	1.000

注："**"表示在 0.01 级别（双尾），相关性显著；"*"表示在 0.05 级别（双尾），相关性显著。

黑龙江水系，高锰酸盐指数与氨氮有相关性；化学需氧量与其他指标均相关性不显著；总磷与氨氮相关性显著；氨氮与高锰酸盐指数和总磷相关性显著。详见表 5-14。

表 5-14 黑龙江水系主要污染指标间相关系数

指标		高锰酸盐指数	化学需氧量	总磷	氨氮
高锰酸盐指数		1.000	0.576	−0.600	−0.697*
化学需氧量	相关系数	0.576	1.000	−0.285	0.030
总磷		−0.600	−0.285	1.000	0.661*
氨氮		−0.697*	0.030	0.661*	1.000

注："*"表示在 0.05 级别（双尾），相关性显著。

乌苏里江水系，高锰酸盐指数与化学需氧量间相关性显著；其他指标间均相关性不显著。详见表 5-15。

表 5-15 乌苏里江水系主要污染指标间相关系数

指标		高锰酸盐指数	化学需氧量	总磷	氨氮
高锰酸盐指数		1.000	0.903**	0.479	0.152
化学需氧量	相关系数	0.903**	1.000	0.612	0.103
总磷		0.479	0.612	1.000	0.333
氨氮		0.152	0.103	0.333	1.000

注："**"表示在 0.01 级别（双尾），相关性显著。

绥芬河水系，高锰酸盐指数与化学需氧量间相关性显著；其他指标间均相关性不显著。详见表 5-16。

表 5-16 绥芬河水系主要污染指标间相关系数

指标		高锰酸盐指数	化学需氧量	总磷	氨氮
高锰酸盐指数		1.000	0.867**	−0.333	0.188
化学需氧量	相关系数	0.867**	1.000	−0.200	0.400
总磷		−0.333	−0.200	1.000	0.200
氨氮		0.188	0.400	0.200	1.000

注："**"表示在 0.01 级别（双尾），相关性显著。

5.5　饮用水水源地质量状况

5.5.1　饮用水水源地质量现状及同比变化情况

2020 年，全省 13 个城市（地区）共 24 个集中式生活饮用水水源地全部完成监测工作，其中地表水水源地 16 个（河流型 6 个、湖库型 10 个）、地下水水源地 8 个。64 个县级城市集中式饮用水水源地开展监测，其中地表水水源地 17 个，地下水水源地 47 个。

（1）地市级饮用水水源地水质状况

①常规监测水质状况。在 24 个饮用水水源地中，达到或优于Ⅲ类的水源地数量为 19 个，占饮用水水源地总数的 79.2%，与上年相比上升 24.9%；水量达标率为 93.5%，与上年相比上升 14.2%。1 个地表水水源地和 4 个地下水水源地出现超标情况。地表水水源地超标项目为高锰酸盐指数、总磷和铁，地下水水源地超标项目为锰和铁。详见图 5-22。

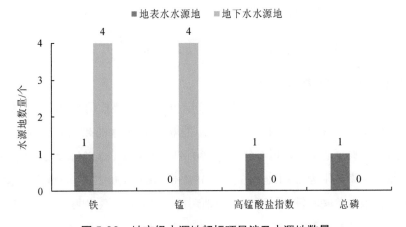

图 5-22　地市级水源地超标项目涉及水源地数量

②全分析监测水质状况。在 13 个城市（地区）的 24 个饮用水水源地中有 23 个开展了全分析监测工作，绥化市呼兰河地表水水源地因污染事故停用未监测。监测结果为，3 个饮用水水源地超标，均为地下水水源地，分别为齐齐哈尔市铁西水源、佳木斯市江北新水源和绥化市第一水源地，超标项目为铁和锰；其余 20 个饮用水水源地水质达标。

（2）县级饮用水水源地水质状况

①常规监测水质状况。在监测的 64 个饮用水水源地中，达到或优于Ⅲ类的水源地数量为 40 个，占规定饮用水水源地总数的 62.5%，与上年相比上升 2.2%。3 个地表水水源地和 21 个地下水水源地出现超标情况。地表水水源地超标项目为高锰酸盐指数、总磷、溶解氧、五日生化需氧量和锰，地下水水源地超标项目为氨氮、铁和锰。详见图 5-23。

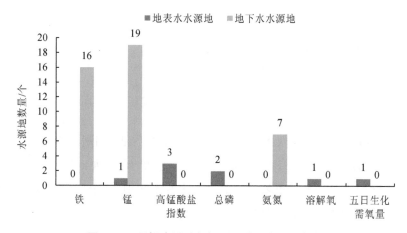

图 5-23　县级水源地超标项目涉及水源地数量

②全分析监测水质状况。全省 57 个县级饮用水水源地开展了全分析监测工作，37 个饮用水水源地水质达标。地表水水源地超标项目为高锰酸盐指数、总磷、五日生化需氧量和铁；地下水水源地超标项目为氨氮、铁和锰。

5.5.2 "十三五"期间饮用水水源地质量状况及同比变化趋势

（1）地市级水源地水质变化趋势

①常规监测水质变化趋势。"十三五"期间，全省地市级饮用水水源地水源达标率分别为 60.0%、57.1%、48.6%、54.3% 和 79.2%；水量达标率分别为 88.8%、80.7%、75.8%、79.3% 和 93.5%；地表水水源地水量达标率分别为 100.0%、94.4%、88.0%、91.3% 和 99.5%；地下水水源地水量达标率分别为 34.1%、15.5%、19.2%、16.9% 和 23.4%。地表水水源地超标项目为高锰酸盐指数、总磷和铁；地下水水源地超标项目为铁、锰和氨氮。详见图 5-24。

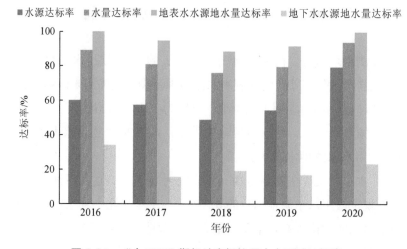

图 5-24　"十三五"期间地市级饮用水水源地达标率

"十三五"期间，地市级水源地水源达标率为 48.6%～79.2%，2018 年最低，2020 年最高。水量达标率为 75.8%～93.5%，2018 年最低，2020 年最高。2016—2020 年，全省地市级饮用水水源地水源达标率、水量达标率均呈波动变化。详见图 5-25。

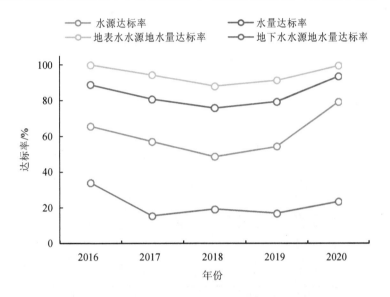

图 5-25　"十三五"期间地市级饮用水水源地达标率变化

②全分析监测水质变化趋势。"十三五"期间，全省地市级饮用水水源地全分析监测水源达标率分别为 72.7%、63.6%、60.6%、60.6% 和 87.0%。地表水水源地超标项目为高锰酸盐指数和总磷；地下水水源地超标项目为铁、锰和氨氮。

"十三五"期间，全省地市级饮用水水源地全分析监测结果呈波动变化，达标率为 60.6%～87.0%，2018 年、2019 年为低值，2020 年最高。详见图 5-26。

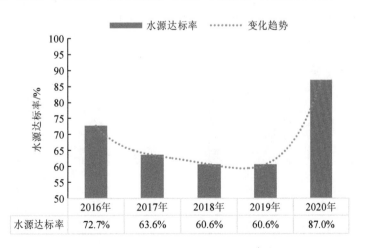

图 5-26　"十三五"期间地市级饮用水水源地全分析监测达标率

（2）县级水源地水质变化趋势

①常规监测水质变化趋势。2016—2020 年，全省开展监测的县级城市集中式饮用水水源地数量分别为 69 个、70 个、67 个、68 个和 64 个；达标率分别为 58.0%、70.0%、49.3%、60.3%和 62.5%。地表水水源地数量分别为 18 个、18 个、17 个、18 个和 17 个，达标率分别为 72.2%、77.8%、52.9%、72.2%和 82.4%。地下水水源地数量分别为 51 个、52 个、50 个、50 个和 47 个；达标率分别为 52.9%、67.3%、48.0%、56.0%和 55.3%。详见图 5-27。

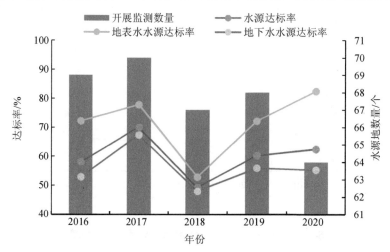

图 5-27　"十三五"期间县级饮用水水源地监测数量及达标率

"十三五"期间，全省县级饮用水水源地水源达标率、水量达标率均呈波动变化，水源达标率为 49.3%～70.0%，2018 年最低，2017 年最高。地表水水源地水量达标率为 52.9%～82.4%，2018 年最低，2020 年最高。地下水水源地水量达标率为 48.0%～67.3%，2018 年最低，2017 年最高。总体来看，地表水水质好于地下水水质。详见图 5-28。

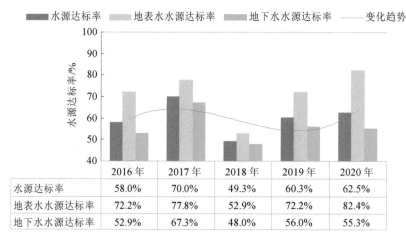

	2016 年	2017 年	2018 年	2019 年	2020 年
水源达标率	58.0%	70.0%	49.3%	60.3%	62.5%
地表水水源达标率	72.2%	77.8%	52.9%	72.2%	82.4%
地下水水源达标率	52.9%	67.3%	48.0%	56.0%	55.3%

图 5-28　"十三五"期间县级饮用水水源地达标率变化

②全分析监测水质变化趋势。"十三五"期间，全省各级环境监测中心（站）根据原环境保护部《关于印发〈全国集中式生活饮用水水源地水质监测实施方案〉的函》（环办函〔2012〕1266号）的要求，于2016年、2018年、2020年分3次对所在辖区内的县级饮用水水源地开展全分析监测工作，开展监测的水源地数量分别为62个、65个和57个，达标率分别为66.1%、55.4%和64.9%，呈波动变化，2018年最低，2016年最高。总体来看，地表水水源地水质好于地下水水源地水质。详见图5-29。

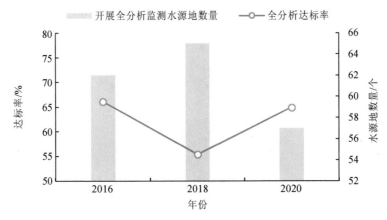

图5-29 "十三五"期间县级饮用水水源地全分析达标率变化

5.5.3 地市级水源地时空变化趋势

"十三五"期间，齐齐哈尔市、佳木斯市、大庆市和绥化市4个地市的地下水水源地持续出现超标情况，超标项目为铁、锰和氨氮。牡丹江市、大庆市、黑河市和伊春市的个别地表水水源地出现超标情况，超标项目为总磷、铁和高锰酸盐指数。详见图5-30。

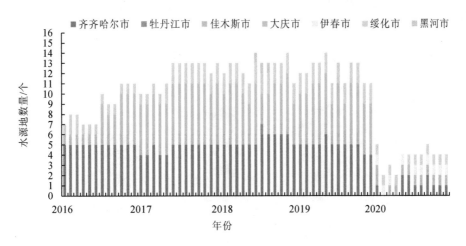

图5-30 "十三五"期间全省超标水源地数量变化

5.5.4 "十三五"末与"十二五"末饮用水水源地水质对比情况

（1）地市级水源地水质对比

"十三五"末与"十二五"末相比，地市级饮用水水源地水源达标率、水量达标率分别上升 1.2% 和 8.1%。详见图 5-31。

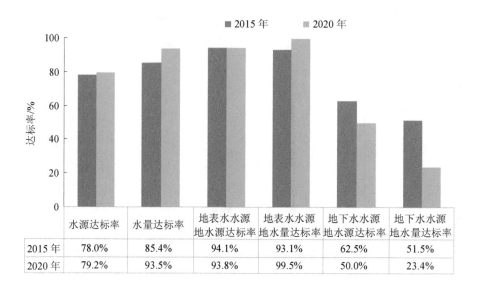

	水源达标率	水量达标率	地表水水源地水源达标率	地表水水源地水量达标率	地下水水源地水源达标率	地下水水源地水量达标率
2015 年	78.0%	85.4%	94.1%	93.1%	62.5%	51.5%
2020 年	79.2%	93.5%	93.8%	99.5%	50.0%	23.4%

图 5-31 "十三五"末与"十二五"末地市级水源地对比

（2）县级水源地水质对比

"十三五"末与"十二五"末相比，县级饮用水水源地水源达标率下降 2.7%。详见图 5-32。

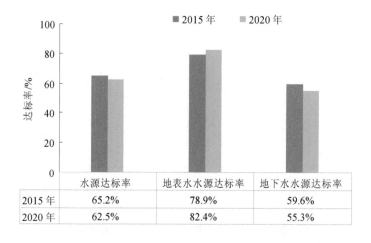

	水源达标率	地表水水源达标率	地下水水源达标率
2015 年	65.2%	78.9%	59.6%
2020 年	62.5%	82.4%	55.3%

图 5-32 "十三五"末与"十二五"末县级水源地对比

5.6　水污染防治考核达标情况

5.6.1　考核目标

黑龙江省人民政府对本行政区域内水环境质量负总责，要严守环境质量底线，按照水环境质量"只能更好、不能变坏"的原则，加强组织领导，采取有效措施，确保实现以下目标：到2020年，松花江流域水质优良（达到或优于Ⅲ类）比例达到59.7%以上。详见表5-17。

表 5-17　地表水水质比例目标　　　　　　　　　　　　　　　　　　单位：%

水质类别	2016 年	2017 年	2018 年	2019 年	2020 年
水质优良（达到或优于Ⅲ类）	51.6	53.2	54.8	56.4	59.7
丧失使用功能（劣于Ⅴ类）	1.6	1.6	0	0	0

5.6.2　水污染防治考核水质现状及同比变化情况

2020年，全省考核断面水质优良比例74.2%，超过年度目标14.5%。在62个考核断面中，Ⅱ类水质占3.2%，Ⅲ类水质占71.0%，Ⅳ类水质占24.2%，Ⅴ类水质占1.6%，无劣Ⅴ类水质断面。60个断面平均水质类别达到2020年水质目标，达标率为96.8%。与上年相比，Ⅰ～Ⅲ类水质比例上升8.1%，达标率上升4.9%。

2020年，《目标责任书》规定的24个饮用水水源地中，达到或优于Ⅲ类的饮用水水源地个数为19个，占规定饮用水水源地总数的79.2%，与上年相比上升24.9%，达到考核目标要求。

5.6.3　"十三五"期间水污染防治考核水质状况及变化趋势

（1）地表水考核水质变化趋势

"十三五"期间，在全省62个国考断面中，Ⅰ～Ⅲ类水质比例分别为67.7%、66.1%、50.0%、66.1%和74.2%；劣Ⅴ类水质比例分别为1.6%、1.6%、1.6%、0%和0%；达标率分别为98.4%、93.5%、82.3%、91.9%和96.8%。Ⅰ～Ⅲ类水质比例、劣Ⅴ类水质比例和达标率均呈波动变化趋势。详见图5-33。

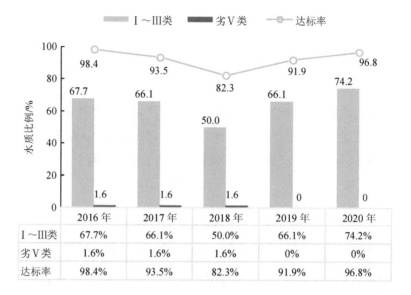

图 5-33　"十三五"期间全省国控考核断面达标率及各水质类别占比情况

（2）饮用水水源地考核水质变化趋势

"十三五"期间，全省各年开展监测的地市级饮用水水源地达标率分别为 60.0%、57.1%、48.6%、54.3% 和 79.2%，2020 年达到了 77.1% 的水质考核目标。详见图 5-34。

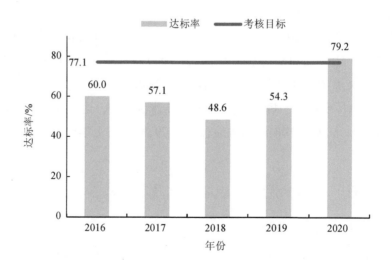

图 5-34　"十三五"期间饮用水水源地考核达标情况

5.7　重要江河湖泊水功能区考核达标情况

根据《关于做好入河排污口和水功能区划相关工作的通知》（环办水体〔2019〕36 号）的要求，水功能区监测考核工作自 2020 年起转隶由环境保护部门负责。按照 2011 年国务院批复《全国重要江河湖泊水功能区划（2011—2030）》的要求，黑龙江省全国重要江河湖泊水功能区共 184 个，其中，属于排污控制区无水质目标的 23 个，具备功能有水质目标纳入考核范围的 161 个，按照相关文件要求 80%参与考核，即 129 个功能区参加考核。

5.7.1　2020 年水功能区考核达标情况

129 个参加考核功能区中，8 个功能区全部考虑背景值影响，6 个功能区部分月份和项目考虑背景值影响，南北河北安市源头水保护区由于疫情未开展监测和扣除背景值的原因不参与评价，2020 年实际只有 128 个功能区参与评价。

按照实际监测数据计算，达标功能区个数为 83 个，达标率为 64.8%，不满足国家下达的不低于 70%的控制目标。

5.7.2　"十三五"期间水功能区考核情况

"十三五"期间，全省水功能区考核目标分别为 42.0%、50.8%、57.2%、63.6%和 70.0%。考核达标率分别为 46.5%、62.8%、60.5%、64.3%和 64.8%，其中 2016—2019 年考核达标。详见图 5-35。

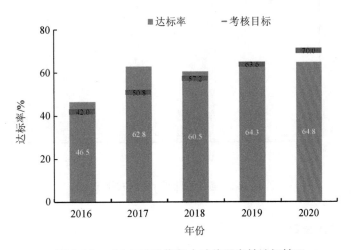

图 5-35　"十三五"期间水功能区考核达标情况

第六章 土壤环境质量状况

6.1 土壤环境质量状况

6.1.1 土壤基本理化性质

（1）土壤 pH

"十三五"期间黑龙江省土壤监测数据显示，全省土壤 pH 范围为 4.21～10.40，平均值为 6.18，全省大部分地区土壤均呈弱酸性。

pH≤5.5 的土壤评价为强酸性，pH 在 5.5～6.5 范围的土壤评价为弱酸性，pH 在 6.5～7.5 范围的土壤评价为中性，pH＞7.5 的土壤评价为碱性。

全省 1 290 个监测点位中，有土壤环境质量监控点位 141 个，基础点位 1 102 个，背景点位 47 个。各类型土壤 pH 等级分类情况详见图 6-1。

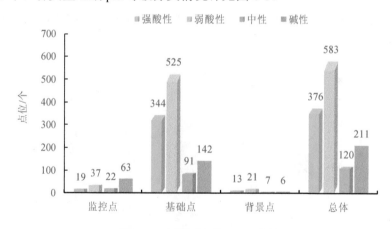

图 6-1 各类型土壤 pH 分布情况

（2）土壤有机质含量

"十三五"期间黑龙江省土壤监测数据显示，全省土壤有机质含量在 1.20～726 g/kg 范围内，平均值为 54.5 g/kg。伊春市和大兴安岭地区有机质含量较高，其他城市分布均匀，全省有机质含量较为丰富。

参照土壤有机质含量评价标准，将有机质单位由"g/kg"换算为百分比，换算公式为
1%=10 g/kg，有机质含量＞4.00%的土壤评价为极丰富，有机质含量介于 3.01%～4.00%
的土壤评价为丰富，有机质含量介于2.01%～3.00%的土壤评价为中等，有机质含量介于
1.01%～2.00%的土壤评价为较低，有机质含量介于0.60%～1.00%的土壤评价为缺乏，有
机质含量＜0.60%的土壤评价为极缺乏。

在 1 261 个土壤环境监测点位中（缺失的 29 个基础点位为利用农用地土壤状况详查
数据），土壤有机质含量范围为 0.120%～72.6%，平均含量 5.45%，141 个土壤环境质量
监控点位中，有机质含量范围为 0.400%～27.5%，平均值 5.21%。1 073 个土壤环境质量
基础点位中，有机质含量范围为 0.120%～72.6%，平均值 5.44%。47 个土壤环境质量背
景点位中，有机质含量范围为 0.710%～36.5%，平均含量 6.22%。黑龙江省土壤有机质整
体含量较为丰富，各类型土壤有机质含量等级分类情况详见图 6-2。

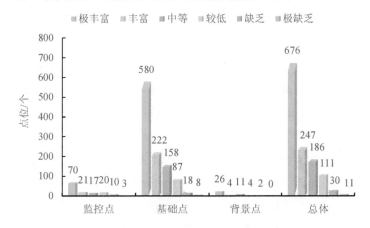

图 6-2　各类型土壤有机质含量分布情况

（3）土壤阳离子交换量

"十三五"期间黑龙江省土壤监测数据显示，全省阳离子交换量含量在 4.30～153 cmol/kg
范围内，平均值为 29.5 cmol/kg。

参照阳离子交换量评价标准，阳离子交换量＞15 cmol/kg 的土壤评价为一级，阳离子
交换量介于 10～15 cmol/kg 的土壤评价为二级，阳离子交换量介于 5～10 cmol/kg 的土壤
评价为三级，阳离子交换量＜5 cmol/kg 的土壤评价为四级。

全省土壤环境质量监控点位 141 个，基础点位 1 073 个，背景点位 47 个。各类型土
壤阳离子交换量评价情况详见图 6-3。

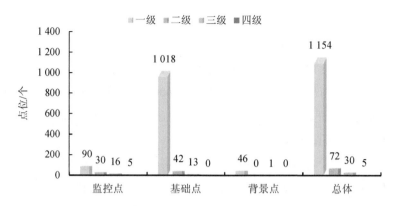

图 6-3 各类型土壤阳离子交换量等级分类情况

6.1.2 土壤无机污染物含量分析

全省监测的主要金属 8 项指标为镉、汞、砷、铜、铅、铬、锌、镍。

全省 1 290 个监测点位中，除 139 个点位的金属镉、2 个点位的砷未检出外，其余全部检出。镉含量范围 0.005～25.9 mg/kg，平均值为 0.15 mg/kg；汞含量范围 0.001 9～2.80 mg/kg，平均值为 0.054 mg/kg；砷含量范围 0.048～833 mg/kg，平均值为 13.64 mg/kg；铜含量范围 5.3～298.1 mg/kg，平均值为 20.35 mg/kg；铅含量范围 7.5～2 309 mg/kg，平均值为 26.8 mg/kg；铬含量范围 5.65～210 mg/kg，平均值为 58.83 mg/kg；锌含量范围 7.5～4 670.5 mg/kg，平均值为 78.08 mg/kg；镍含量范围 3.15～213 mg/kg，平均值为 25.49 mg/kg，详见图 6-4。

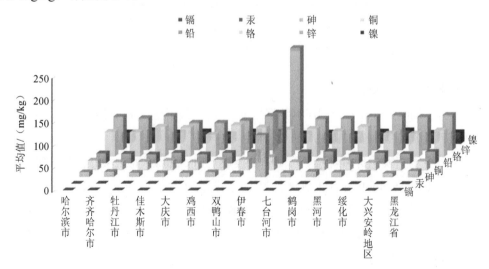

图 6-4 "十三五"期间黑龙江省 1 290 个土壤监测点位金属 8 项监测结果统计

全省 141 个监控点位中，除 4 个点位的金属镉未检出外，其余全部检出。镉含量范围 0.005～25.9 mg/kg，平均值为 0.61 mg/kg；汞含量范围 0.004～2.8 mg/kg，平均值为 0.07 mg/kg；砷含量范围 1.37～833 mg/kg，平均值为 46.55 mg/kg；铜含量范围 5.82～298.1 mg/kg，平均值为 23.41 mg/kg；铅含量范围 7.81～2 309 mg/kg，平均值为 63.81 mg/kg；铬含量范围 5.65～133.9 mg/kg，平均值为 59.69 mg/kg；锌含量范围 28.7～4 670.5 mg/kg，平均值为 143.81 mg/kg；镍含量范围 3.15～54.4 mg/kg，平均值为 20.47 mg/kg，详见图 6-5。

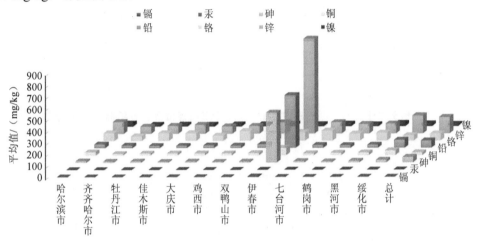

图 6-5　黑龙江省 141 个监控点位金属 8 项监测结果统计

全省 1 102 个基础点位中，除 135 个点位的金属镉和 2 个点位的砷未检出外，其余全部检出。镉含量范围 0.01～0.57 mg/kg，平均值为 0.09 mg/kg；汞含量范围 0.001 9～1.07 mg/kg，平均值为 0.05 mg/kg；砷含量范围 0.05～120 mg/kg，平均值为 9.62 mg/kg；铜含量范围 5.3～195 mg/kg，平均值为 19.89 mg/kg；铅含量范围 7.5～62.7 mg/kg，平均值为 22.18 mg/kg；铬含量范围 16.8～210 mg/kg，平均值为 58.59 mg/kg；锌含量范围 7.5～284 mg/kg，平均值为 69.84 mg/kg；镍含量范围 9～213 mg/kg，平均值为 26.22 mg/kg，详见图 6-6。

全省 47 个背景点位中，所有点位全部检出。镉含量范围 0.02～0.1 mg/kg，平均值为 0.06 mg/kg；汞含量范围 0.018～0.042 mg/kg，平均值为 0.03 mg/kg；砷含量范围 3.9～11.8 mg/kg，平均值为 7.85 mg/kg；铜含量范围 10.9～21.3 mg/kg，平均值为 16.1 mg/kg；铅含量范围 21.4～24.9 mg/kg，平均值为 23.15 mg/kg；铬含量范围 35.7～54.9 mg/kg，平均值为 45.3 mg/kg；锌含量范围 43.8～63.3 mg/kg，平均值为 53.55 mg/kg；镍含量范围 12.2～22.9 mg/kg，平均值为 17.55 mg/kg，详见图 6-7。

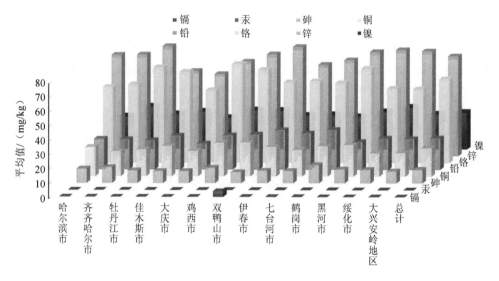

图 6-6 "十三五"期间黑龙江省 1 102 个基础点位金属 8 项监测结果统计

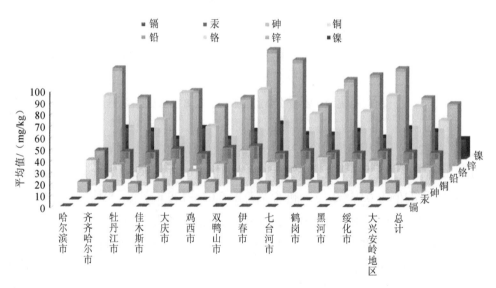

图 6-7 黑龙江省 47 个背景点位金属 8 项监测结果统计

6.1.3 土壤有机物含量分析

有机 3 项指标：苯并[a]芘、六六六、滴滴涕，均未检出。

6.2 黑龙江省土壤环境质量变化趋势分析

6.2.1 "十三五"期间土壤总体情况

"十三五"期间全省共监测土壤点位 1 290 个，包含 943 个耕地，37 个草地，1 个园地，294 个林地和 15 个未利用地，根据《土壤环境质量　农用地土壤风险管控标准（试行）》（GB 15618—2018），可参与评价的点位包括耕地、草地和园地，共 981 个点位。

依据《土壤环境质量　农用地土壤风险管控标准（试行）》（GB 15618—2018），农用地土壤中污染物含量等于或低于土壤污染风险筛选值的，对农产品质量安全、农作物生长或土壤生态环境的风险低，一般情况下可以忽略；超过土壤污染风险筛选值的，对农产品质量安全、农作物生长或土壤生态环境可能存在风险；超过土壤污染风险管制值的，原则上应采取管控措施。

将全省 981 个点位的监测结果按照小于或等于筛选值、大于筛选值但小于等于管制值、大于管制值分成 3 类，并计算各类点的占比，项目包括金属 8 项（镉、汞、砷、铅、铬、铜、锌、镍）和有机 3 项（苯并[a]芘、六六六、滴滴涕），详见表 6-1 和表 6-2。

统计可得，全省共有 954 个小于或等于筛选值的点位，占比 97.2%；共有 20 个大于筛选值但小于等于管制值的点位，占比 2%；共有 7 个大于管制值的点位，占比 0.8%。

表 6-1　全省 981 个参评土壤点位按照城市分类所得评价结果统计

城市	点位类型						总计
	小于或等于筛选值		大于筛选值但小于等于管制值		大于管制值		
	个数	占比/%	个数	占比/%	个数	占比/%	
哈尔滨市	155	98.1	3	1.9	0	0	158
齐齐哈尔市	145	97.3	4	2.7	0	0	149
牡丹江市	53	96.4	2	3.6	0	0	55
佳木斯市	110	99.1	1	0.9	0	0	111
大庆市	79	100	0	0	0	0	79
鸡西市	52	98.1	1	1.9	0	0	53
双鸭山市	66	95.7	3	4.3	0	0	69
伊春市	19	73.1	0	0	7	26.9	26
七台河市	21	100	0	0	0	0	21
鹤岗市	45	100	0	0	0	0	45
黑河市	112	97.4	3	2.6	0	0	115
绥化市	97	97.0	3	3.0	0	0	100
全省	954	97.2	20	2.0	7	0.8	981

表 6-2　全省 981 个参评土壤点位评价结果统计　　　　　　单位：%

点位类别	镉	汞	砷	铅	铬	铜	锌	镍	苯并[a]芘	六六六	滴滴涕
小于或等于筛选值	98.9	99.9	98.7	99.5	99.5	99.7	99.5	99.8	100	100	100
大于筛选值但小于等于管制值	0.8	0.1	0.6	0.3	0.5	0.3	0.5	0.2	0	0	0
大于管制值	0.3	0	0.7	0.2	0	0	0	0	0	0	0

6.2.2　"十三五" 期间土壤环境质量点位类型间变化规律分析

981 个参评土壤点位包括 99 个监控点、855 个基础点和 27 个背景点。按照点位类型对土壤进行评价，在 99 个监控点中，只有镉、汞、铜、锌、镍元素出现大于筛选值但小于等于管制值的点位，镉、砷、铅元素出现大于管制值的点位，其余项目均为小于或等于筛选值的点位，详见图 6-8（其中，绿色代表小于或等于筛选值的点位占比，黄色代表大于筛选值但小于等于管制值的点位占比，红色代表大于管制值的点位占比，下同）。

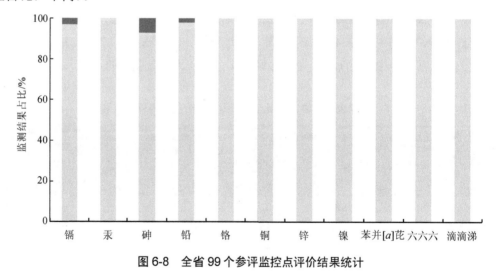

图 6-8　全省 99 个参评监控点评价结果统计

参评的 855 个基础点中，除镉、砷、铬、铜、锌、镍元素出现大于筛选值但小于等于管制值的点位外，其余点位均为小于或等于筛选值的点位，详见图 6-9。

27 个参评背景点中，只有镉元素出现大于筛选值但小于等于管制值的点位，其余点均为小于或等于筛选值的点位，详见图 6-10。

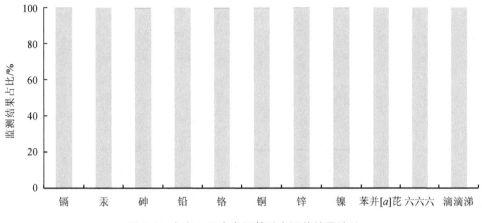

图 6-9 全省 855 个参评基础点评价结果统计

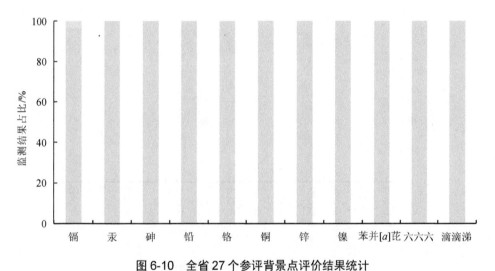

图 6-10 全省 27 个参评背景点评价结果统计

6.2.3 "十三五"期间土壤环境质量空间变化规律分析

全省有机项目含量均低于筛选值，因此将不再进行有机项目的风险分析。全省的土壤镉监测结果详见图 6-11，小于或等于筛选值的点位占比 98.9%，大于筛选值但小于等于管制值的点位占比 0.8%，大于管制值的点位占比 0.3%。

全省的土壤汞监测结果详见图 6-12，小于或等于筛选值的点位占比 99.9%，大于筛选值但小于等于管制值的点位占比 0.1%。

全省的土壤砷监测结果详见图 6-13，小于或等于筛选值的点位占比 98.7%，大于筛选值但小于等于管制值的点位占比 0.6%，大于管制值的点位占比 0.7%。

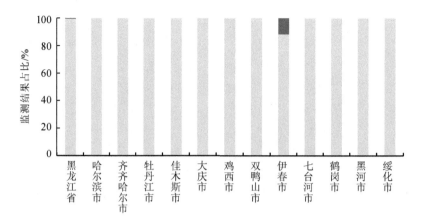

图 6-11　全省土壤镉评价结果统计

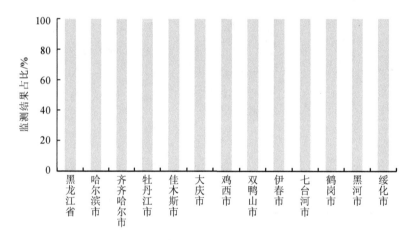

图 6-12　全省土壤汞评价结果统计

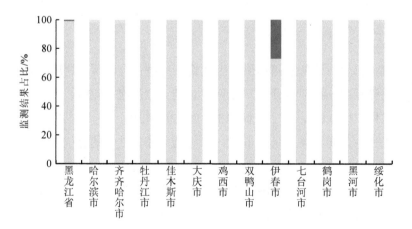

图 6-13　全省土壤砷评价结果统计

全省的土壤铅监测结果详见图 6-14，小于或等于筛选值的点位占比 99.5%，大于筛选值但小于等于管制值的点位占比 0.3%，大于管制值的点位占比 0.2%。

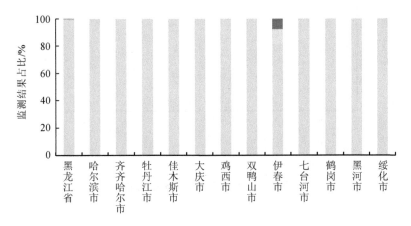

图 6-14 全省土壤铅评价结果统计

全省的土壤铬监测结果详见图 6-15，小于或等于筛选值的点位占比 99.5%，大于筛选值但小于等于管制值的点位占比 0.5%。

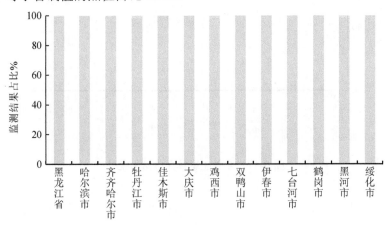

图 6-15 全省土壤铬评价结果统计

全省的土壤铜监测结果详见图 6-16，小于或等于筛选值的点位占比 99.7%，大于筛选值但小于等于管制值的点位占比 0.3%。

全省的土壤锌监测结果详见图 6-17，小于或等于筛选值的点位占比 99.5%，大于筛选值但小于等于管制值的点位占比 0.5%。

全省的土壤镍监测结果详见图 6-18，小于或等于筛选值的点位占比 99.8%，大于筛选值但小于等于管制值的点位占比 0.2%。

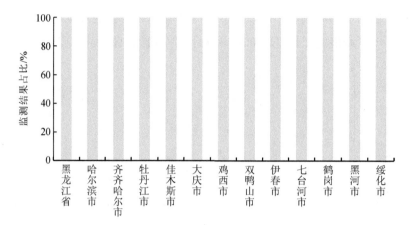

图 6-16　全省土壤铜评价结果统计

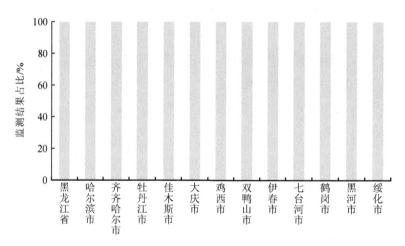

图 6-17　全省土壤锌评价结果统计

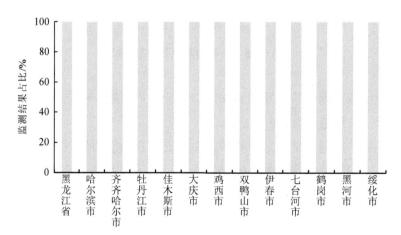

图 6-18　全省土壤镍评价结果统计

6.2.4 "十三五"期间与"十一五"期间土壤环境质量对比变化情况

由于监测项目和监测侧重点的不同,"十三五"期间土壤环境质量监测结果与"十二五"期间土壤环境质量监测结果并不具备可比性,因此在此将"十三五"期间土壤环境质量监测结果与"十一五"期间土壤环境质量普查结果进行对比分析。

由于"十三五"期间全省土壤有机项目(苯并[a]芘、六六六总量、滴滴涕总量)均未检出,土壤理化三项(pH、有机质、阳离子交换量)并没有评价标准,未作对比,故只对土壤8项金属监测结果进行对比分析。

将"十三五"期间土壤8项金属元素监测结果与"十一五"期间土壤普查结果进行频数对比分析,得出不用统计区间的分数数值,结果表明土壤环境污染总体上未发生明显累积,详见图6-19。"十一五"土壤普查和"十三五"监测期间,各项金属元素在5%、10%、25%、50%、75%、90%和95%区间的监测结果,基本体现出一致的数据发展特征。说明在现行的土壤耕作制度和土壤保护水平条件下,土壤中污染物并未发生明显的累积变化特征,处于相对平稳的阶段,仅少数地区土壤的金属元素发生了一定的累积。

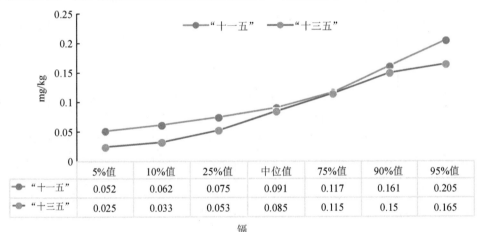

	5%值	10%值	25%值	中位值	75%值	90%值	95%值
"十一五"	0.052	0.062	0.075	0.091	0.117	0.161	0.205
"十三五"	0.025	0.033	0.053	0.085	0.115	0.15	0.165

镉

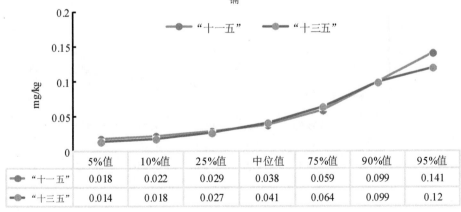

	5%值	10%值	25%值	中位值	75%值	90%值	95%值
"十一五"	0.018	0.022	0.029	0.038	0.059	0.099	0.141
"十三五"	0.014	0.018	0.027	0.041	0.064	0.099	0.12

汞

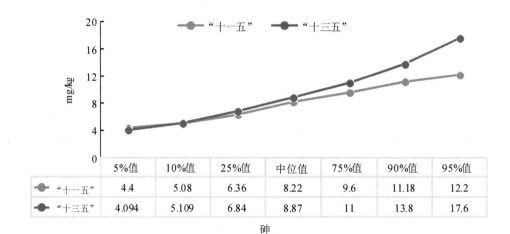

	5%值	10%值	25%值	中位值	75%值	90%值	95%值
"十一五"	4.4	5.08	6.36	8.22	9.6	11.18	12.2
"十三五"	4.094	5.109	6.84	8.87	11	13.8	17.6

砷

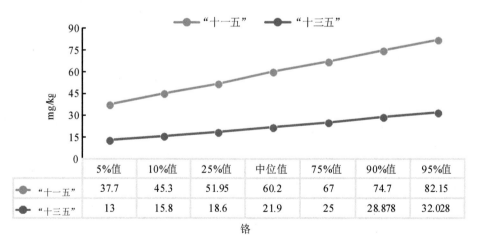

	5%值	10%值	25%值	中位值	75%值	90%值	95%值
"十一五"	17.85	19.3	21.1	23	24.8	26.3	27.41
"十三五"	11.205	13.1	15.9	19.4	22.5	25.9	29.075

铅

	5%值	10%值	25%值	中位值	75%值	90%值	95%值
"十一五"	37.7	45.3	51.95	60.2	67	74.7	82.15
"十三五"	13	15.8	18.6	21.9	25	28.878	32.028

铬

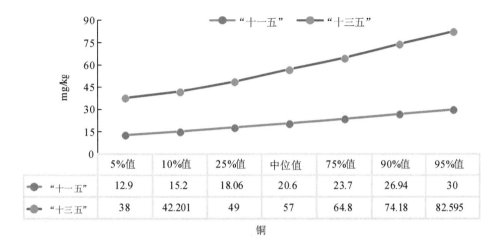

	5%值	10%值	25%值	中位值	75%值	90%值	95%值
"十一五"	12.9	15.2	18.06	20.6	23.7	26.94	30
"十三五"	38	42.201	49	57	64.8	74.18	82.595

铜

	5%值	10%值	25%值	中位值	75%值	90%值	95%值
"十一五"	43.65	49.1	55.6	62.3	68.65	81.65	97.7
"十三五"	46.106	50.82	58.1	66.646	79.4	90.99	100.39

锌

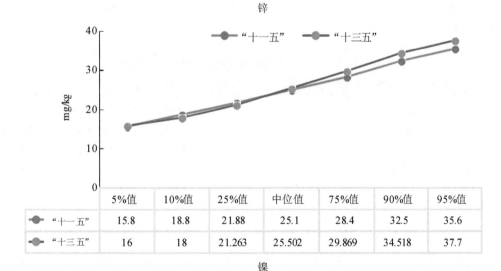

	5%值	10%值	25%值	中位值	75%值	90%值	95%值
"十一五"	15.8	18.8	21.88	25.1	28.4	32.5	35.6
"十三五"	16	18	21.263	25.502	29.869	34.518	37.7

镍

图 6-19　"十三五"监测与"十一五"土壤质量调查频数分布对比

第七章　地下水环境质量状况

7.1　地下水环境质量现状及同比变化情况

7.1.1　全省地下水水质状况

2020年在枯水期对146个点位开展监测，采用《地下水质量标准》（GB/T 14848—2017）综合评价方法评价，详见表7-1。在丰水期对641个点位开展监测，详见表7-2。

表7-1　2019—2020年枯水期地下水质量评价统计

年份	数量	Ⅱ类	Ⅲ类	Ⅳ类	Ⅴ类
2019	152	1（0.7%）	19（12.5%）	53（34.9%）	79（52.0%）
2020	146	6（4.1%）	16（11.0%）	56（38.4%）	68（46.6%）
同比变化	−6	5（3.5%）	−3（−1.5%）	3（3.5%）	−11（−5.4%）

注：括号外为数量，括号内为比例。

表7-2　2019—2020年丰水期地下水质量评价统计

年份	数量	Ⅰ类	Ⅱ类	Ⅲ类	Ⅳ类	Ⅴ类
2019	647	0（0）	5（0.8%）	19（2.9%）	154（23.8%）	469（72.5%）
2020	641	2（0.3%）	2（0.3%）	27（4.2%）	134（20.9%）	476（74.3%）
同比变化	−6	2（0.3%）	−3（−0.5%）	8（1.3%）	−20（−2.9%）	7（1.8%）

注：括号外为数量，括号内为比例。

7.1.2　全省地下水考核点位水质状况

《目标责任书》中规定，到2020年地下水质量考核点位水质级别保持稳定且极差比例控制在17.8%左右。

2020年45个地下水考核点位水质级别基本保持稳定，满足考核目标要求。2019—2020年考核点位枯水期、丰水期平均值地下水质量评价详见表7-3。

表 7-3　2019—2020 年考核点位枯水期、丰水期平均值地下水质量评价统计

年份	数量	优良	良好	较好	较差	极差
2019	45	1（2.2%）	4（8.9%）	0（0）	35（77.8%）	5（11.1%）
2020	45	2（4.4%）	3（6.7%）	0（0）	36（80.0%）	4（8.9%）
同比变化	0	1（2.2%）	−1（−2.2%）	0（0）	1（2.2%）	−1（2.2%）

注：括号外为数量，括号内为比例。

7.2　"十三五"期间地下水环境质量状况及变化趋势

7.2.1　全省考核点位地下水水质变化趋势

从各水质类别比例变化情况来看，"十三五"期间全省地下水水质总体变化不大，水质总体保持稳定，未发生地下水水质恶化现象，V 类水质比例有所下降，表明地下水水质有稳中向好的趋势。

根据全省"十三五"期间 45 个地下水环境质量考核点位监测结论，分析地下水环境质量变化趋势，详见表 7-4。

表 7-4　2016—2020 年全省地下水质量考核点位水质类别变化统计

水质类别	2016 年	2017 年	2018 年	2019 年	2020 年
II	0（0）	0（0）	2.2%（1）	4.4%（2）	2.2%（1）
III	4.4%（2）	6.7%（3）	4.4%（2）	6.7%（3）	6.7%（3）
IV	31.1%（14）	31.1%（14）	42.2%（19）	37.8%（17）	37.8%（17）
V	64.4%（29）	62.2%（28）	51.1%（23）	51.1%（23）	53.3%（24）

注：括号内为数量，括号外为比例。

全省"十三五"期间地下水总体变化趋势是地下水质量级别稳中向好。II 类水质数量由 0 个增加至 1 个，比例上升 2.2%；III 类水质数量由 2 个增加至 3 个，比例上升 2.3%；IV 类水质数量由 14 个增加至 17 个，比例上升 6.7%；V 类水质数量由 29 个减少为 24 个，比例下降 11.1%。详见图 7-1 和图 7-2。

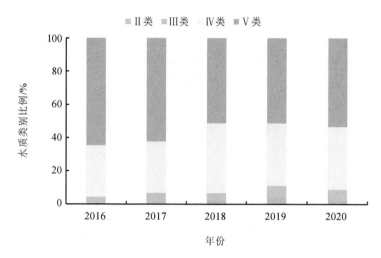

图 7-1 "十三五"期间地下水考核点位各类别水质比例变化趋势

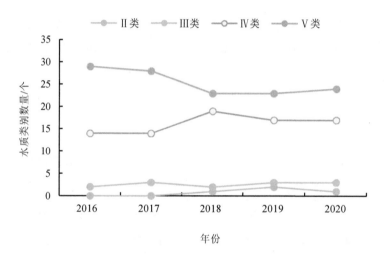

图 7-2 "十三五"期间地下水考核点位各类别水质数量变化趋势

7.2.2 "十三五"期间地下水相关调查及试点监测水质状况

2020 年,根据国家要求,黑龙江省开展了全省范围内的地下水型饮用水源、垃圾填埋场和危险废物处置场地下水环境监测现状调查,并组织哈尔滨市开展了地下水水质试点监测。

全省形成了 130 家"千吨万人"及以上规模集中式地下水型饮用水源保护区调查清单和 104 家污染源调查清单,其中危险废物处置场 13 家,一般工业固体废物处置场 9 家,生活垃圾填埋场 82 家。

对哈尔滨辖区内 5 家生活垃圾填埋场的 24 口井、24 个水源地的 65 口井开展监测。

枯水期监测结果:16 个重点污染源周边地下水点位达到或优于Ⅲ类水质比例为 0;

Ⅳ类水质6个点位，水质比例为37.5%；Ⅴ类水质10个点位，水质比例为62.5%。65个"千吨万人"规模以上地下水型集中式饮用水水源地点位Ⅲ类水质1个，水质比例为1.6%；Ⅳ类水质22个，水质比例为33.8%；Ⅴ类水质42个，水质比例为64.6%，详见图7-3。

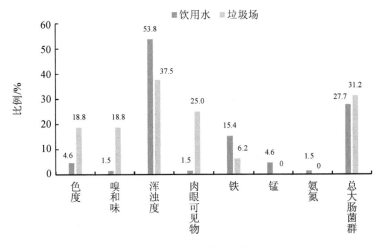

图7-3　枯水期超Ⅴ类水质指标比例

丰水期监测结果：24个重点污染源周边地下水点位达到或优于Ⅲ类水质比例为0；Ⅳ类水质6个，水质比例为25.0%；Ⅴ类水质18个，水质比例为75.0%。65个"千吨万人"规模以上地下水型集中式饮用水水源地点位达到或优于Ⅲ类水质比例为0；Ⅳ类水质9个，水质比例为13.8%；Ⅴ类水质56个，水质比例为86.2%，详见图7-4。

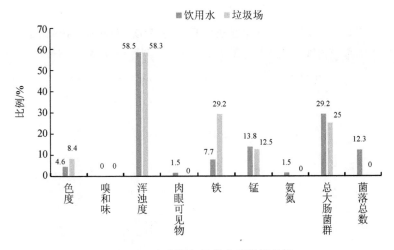

图7-4　丰水期超Ⅴ类水质指标比例

与枯水期相比，污染源周边丰水期Ⅴ类水质比例上升12.5%，饮用水水源丰水期Ⅴ类水质比例上升21.6%，详见图7-5。

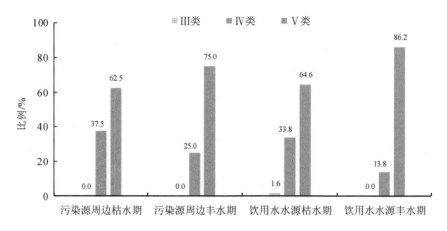

图7-5　枯水期、丰水期各水质类别比例对照

7.3　"十三五"末与"十二五"末地下水环境质量对比变化情况

与"十二五"末相比，全省地下水考核点位Ⅱ类水质比例上升2.2%，Ⅲ类水质比例上升2.3%，Ⅳ类水质比例上升4.5%，Ⅴ类水质比例下降8.9%。10个点位水质改善，6个点位水质恶化。总体来看，"十三五"末与"十二五"末相比较，水质稳中向好，Ⅱ类、Ⅲ类、Ⅳ类水质比例上升，Ⅴ类水质比例下降，地下水水质逐步改善，详见表7-5、图7-6和图7-7。

表7-5　2015年与2020年全省地下水质量考核点位水质类别对比变化

年份	Ⅱ类	Ⅲ类	Ⅳ类	Ⅴ类
2015	0（0）	4.4%（2）	33.3%（15）	62.2%（28）
2020	2.2%（1）	6.7%（3）	37.8%（17）	53.3%（24）

注：括号外为比例，括号内为数量。

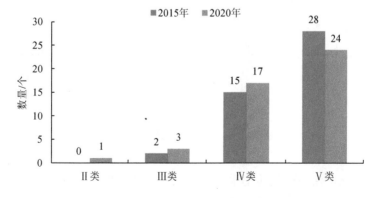

图7-6　2015年与2020年全省考核点位水质数量对比

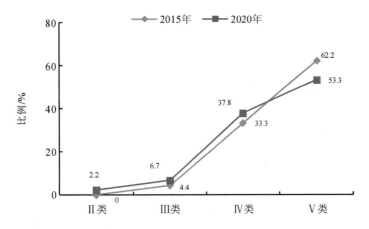

图 7-7　2015 年与 2020 年全省考核点位水质比例对比

7.4　"十三五"期间地下水污染状况及变化趋势

"十三五"期间，地下水枯水期严重污染区占比下降 31.9%，中等污染区占比上升 10.7%，轻微污染区占比上升 5.9%，未污染区占比上升 15.3%。地下水丰水期严重污染区占比下降 19.0%，中等污染区占比上升 12.3%，轻微污染区占比上升 6.5%，未污染区占比上升 0.2%。

评价趋势结果表明，黑龙江省"十三五"期间地下水污染呈多元变化，严重污染点位比例有所下降，表征黑龙江省对重点区域地下水污染防控初见成效，该区域水质进一步恶化得到控制。中等污染点位占比略有增加，主要原因是严重污染点位转化为中等污染点位。轻微污染点位比例有所增加，主要原因可能是农业面源污染影响浅层地下水水质，详见表 7-6、表 7-7、图 7-8 和图 7-9。

表 7-6　全省地下水枯水期主要污染点位比例统计

年份	未污染	轻微污染	中等污染	严重污染
2016	10.7%	24.2%	18.1%	47.0%
2017	19.4%	17.4%	13.9%	49.3%
2018	22.9%	26.1%	24.9%	26.1%
2019	4.6%	35.5%	21.7%	38.2%
2020	26.0%	30.1%	28.8%	15.1%

表 7-7　全省地下水丰水期主要污染点位比例统计

年份	未污染	轻微污染	中等污染	严重污染
2016	11.8%	23.5%	13.2%	51.5%
2017	3.5%	0.7%	8.3%	87.5%
2018	13.5%	34.2%	23.1%	29.2%
2019	11.5%	28.3%	23.0%	37.2%
2020	12.0%	30.0%	25.5%	32.5%

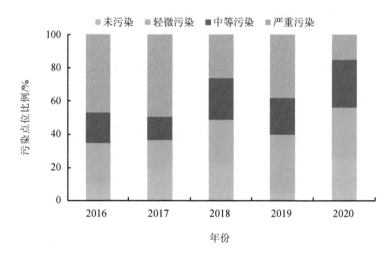

图 7-8　2016—2020 年地下水考核点位枯水期污染比例变化

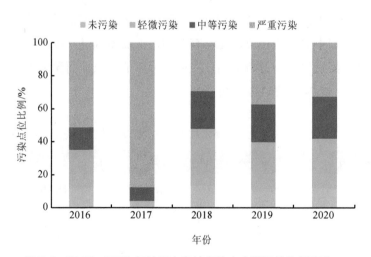

图 7-9　2016—2020 年地下水考核点位丰水期污染比例变化

第八章 城市声环境质量状况

8.1 城市声环境质量现状及同比变化情况

2020 年，全省 13 个城市（地区）开展了昼间区域声环境质量监测、昼间道路交通声环境质量监测和功能区声环境质量监测，共布设功能区监测点位 107 个，区域监测点位 2 428 个，道路交通监测点位 925 个。

监测评价结果表明，与上年相比，全省声环境质量整体呈好转趋势。昼间区域声环境质量平均等效声级为 53.9 dB（A），区域环境噪声总体水平等级为二级，评价为"较好"。昼间道路交通声环境质量平均等效声级为 65.8 dB（A），道路交通噪声强度等级为一级，评价为"好"。各类功能区声环境质量昼间总点次达标率为 92.3%，夜间总点次达标率为 74.5%。

8.1.1 区域声环境质量

（1）等级评价

全省 13 个城市（地区）昼间区域环境噪声总体水平等级达到一级的城市有 1 个，占 7.7%，达到二级的城市有 9 个，占 69.2%；达到三级的城市有 3 个，占 23.1%，详见表 8-1 和图 8-1。

表 8-1　2020 年全省城市昼间区域平均等效声级及噪声总体水平等级划分

单位：dB（A）

城市名称	伊春	大庆	大兴安岭	七台河	齐齐哈尔	双鸭山	鸡西	鹤岗	黑河	佳木斯	牡丹江	绥化	哈尔滨
等效声级	49.5	51.7	52.1	53.0	53.1	53.7	53.8	53.9	54.1	54.9	55.7	57.6	58.0
等级	一级	二级										三级	

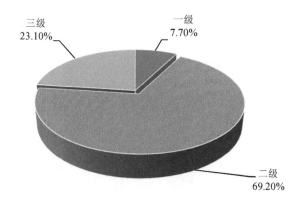

图 8-1　2020 年全省城市区域环境噪声水平等级分布比例

（2）声源构成评价

2020 年影响全省昼间区域声环境质量的主要因素是社会生活噪声和交通噪声。全省 2 428 个区域声环境监测网格中，受生活噪声影响的网格数占监测总数的 64.3%，交通噪声占 20.2%，工业噪声占 11.5%，施工噪声占 4.1%。2020 年全省城市昼间区域受各类声源影响比例详见图 8-2。

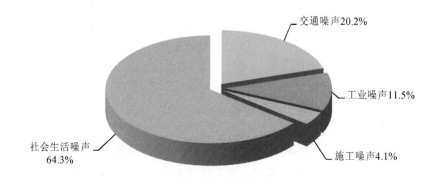

图 8-2　2020 年全省城市昼间时段区域声源组成

与上年相比，全省 2 428 个区域声环境监测网格中，受社会生活噪声影响的网格数占比上升 0.7%；交通噪声下降 1.6%；工业噪声上升 0.9%；施工噪声不变。

（3）各城市评价

全省城市昼间区域声环境质量平均等效声级为 53.9 dB（A）。13 个城市（地区）昼间区域声环境质量平均等效声级范围为 49.5～58.0 dB（A）。2020 年全省城市昼间区域声环境质量排序详见图 8-3。

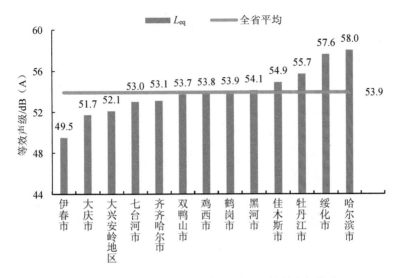

图 8-3 2020 年全省城市昼间区域平均等效声级排序

与上年相比，昼间区域平均等效声级上升的城市有鸡西市、鹤岗市、佳木斯市、大兴安岭地区；下降的城市有哈尔滨市、齐齐哈尔市、双鸭山市、大庆市、伊春市、七台河市、牡丹江市、黑河市、绥化市。其中伊春市和大兴安岭地区同比上升 1.4 dB（A），增幅较大。大庆市同比下降 2.8 dB（A），降幅较大；牡丹江市同比下降 2.7 dB（A），降幅次之。其他城市变化不大。

8.1.2 道路交通声环境质量

（1）等级评价

全省城市昼间道路交通噪声强度等级为一级的城市有 10 个，占全省监测城市数量的 76.9%；二级的城市有 2 个，占 15.4%；三级的城市有 1 个，占 7.7%，详见表 8-2。

表 8-2 2020 年全省城市昼间道路交通平均等效声级及噪声强度等级划分

单位：dB（A）

城市名称	七台河	伊春	黑河	大兴安岭	鸡西	绥化	牡丹江	大庆	佳木斯	双鸭山	鹤岗	齐齐哈尔	哈尔滨
等效声级	61.9	62.5	62.6	62.6	64.3	64.3	66.7	67.5	67.5	68.0	68.3	69.0	70.3
等级	一级										二级		三级

（2）各城市评价

全省城市昼间道路交通平均等效声级为 65.8 dB（A）。13 个城市（地区）昼间道路交通噪声平均等效声级范围为 61.9~70.3 dB（A）。2020 年全省昼间道路交通平均等效声级排序详见图 8-4。

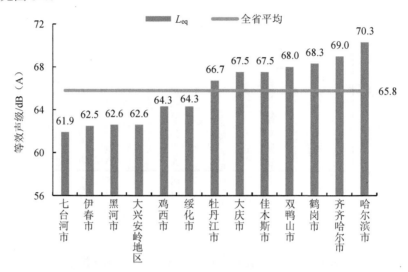

图 8-4 2020 年全省城市昼间道路交通平均等效声级排序

与上年相比，昼间道路交通平均等效声级上升的城市有鹤岗市、佳木斯市、黑河市、绥化市、大兴安岭地区；下降的城市有哈尔滨市、齐齐哈尔市、鸡西市、双鸭山市、大庆市、伊春市、七台河市、牡丹江市。其中大兴安岭地区同比上升 9.5 dB（A），增幅较大；牡丹江市同比下降 2.0 dB（A），降幅较大。其他城市变化不大。

8.1.3 功能区声环境质量

（1）达标率评价

2020 年，全省各类功能区昼间总点次达标率为 92.3%，夜间总点次达标率为 74.5%，达标率昼间均高于夜间。0 类区昼间、夜间监测点次达标率分别为 100% 和 87.5%；1 类区昼间、夜间监测点次达标率分别为 88.4% 和 75.0%；2 类区昼间、夜间监测点次达标率分别为 96.6% 和 84.5%；3 类区昼间、夜间监测点次达标率分别为 96.6% 和 85.2%；4a 类区昼间、夜间监测点次达标率分别为 87.0% 和 52.0%；4b 类区昼间、夜间监测点次达标率分别为 100% 和 75.0%，详见图 8-5。

与上年相比，功能区声环境质量点次达标率有所上升的类别有 1 类区昼间、夜间，2 类区昼间、夜间，3 类区夜间；功能区声环境质量点次达标率有所下降的类别有 0 类区夜间，4a 类区昼间、夜间；功能区声环境质量点次达标率无变化的类别有 0 类区昼间，3 类区昼间，4b 类区昼间、夜间。其中，1 类区夜间点次达标率增幅较大，上升 19.6%，其次是 1 类区昼间，上升 13.4%；0 类区昼间点次达标率降幅较大，下降 12.5%，其次是 4a 类区昼间、夜间，下降 1.0%。

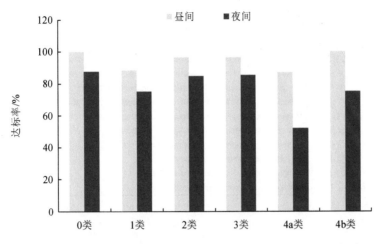

图 8-5 2020 年全省各类功能区声环境质量昼间、夜间点次达标率

（2）各城市（地区）评价

全省 13 个城市（地区）中，省会城市哈尔滨的各类功能区声环境质量昼间总点次达标率为 92.6%，夜间总点次达标率为 54.4%。昼间达标率超过 80%的城市有 11 个，达标率高的有鹤岗市、双鸭山市、大庆市、伊春市、七台河市、黑河市和大兴安岭地区，达标率均为 100%。昼间达标率最低的为牡丹江市，达标率为 72.2%。夜间达标率超过 80%的城市有 7 个，其中大庆市、七台河市和黑河市，达标率均为 100%。夜间达标率最低的为齐齐哈尔市，达标率为 48.5%。详见图 8-6 和图 8-7。

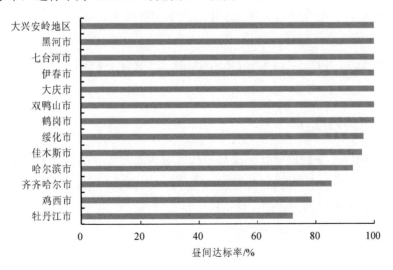

图 8-6 2020 年全省城市功能区声环境质量昼间总点次达标率排序

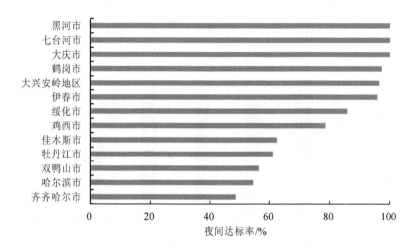

图 8-7　2020 年全省城市功能区声环境质量夜间总点次达标率排序

与上年相比，全省城市功能区声环境质量昼间总点次达标率上升的有哈尔滨市（13.2%）、齐齐哈尔市（20.6%）、双鸭山市（12.5%）、绥化市（39.3%）；下降的有鸡西市（21.4%）、佳木斯市（4.2%）、牡丹江市（2.8%）；无变化的有鹤岗市、大庆市、伊春市、七台河市、黑河市和大兴安岭地区。

与上年相比，全省城市功能区声环境质量夜间总点次达标率上升的有哈尔滨市（16.2%）、齐齐哈尔市（4.4%）、鹤岗市（11.1%）、双鸭山市（12.5%）、佳木斯市（12.5%）、牡丹江市（19.4%）、绥化市（60.7%）；下降的有鸡西市（21.4%）、伊春市（4.2%）、大兴安岭地区（3.6%）；无变化的有大庆市、七台河市和黑河市。

8.2　"十三五"期间声环境质量状况及变化趋势

8.2.1　区域声环境质量

"十三五"期间，全省城市昼间区域平均等效声级呈先上升再下降的趋势，2016—2019 年逐年上升，于 2020 年迅速降至 53.9 dB（A），详见图 8-8。

2018 年进行了全省城市夜间区域声环境质量监测，平均等效声级为 44.4 dB（A），达到二级水平，且低于所有昼间均值。

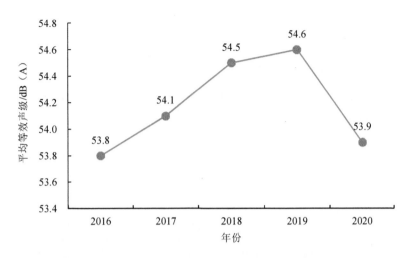

图 8-8　2016—2020 年全省城市昼间区域平均等效声级变化趋势

8.2.2　道路交通声环境质量

"十三五"期间，全省城市昼间道路交通等效声级呈先上升再下降又上升的趋势，2018 年最高，为 66.8 dB（A），2019 年最低，为 65.4 dB（A），2020 年次低，为 65.8 dB（A），详见图 8-9。

在 2018 年，进行了全省城市夜间道路交通声环境质量监测，平均等效声级为 55.9 dB（A），达到一级水平，且低于所有昼间均值。

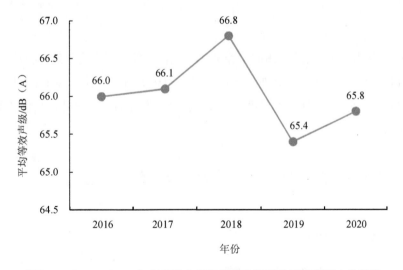

图 8-9　2016—2020 年全省城市昼间道路交通平均等效声级变化趋势

8.2.3　功能区声环境质量

"十三五"期间，功能区声环境质量状况昼间和夜间整体均呈现好转趋势。昼间达标率逐年上升，在 2020 年达标率最高，2016 年最低；夜间达标率 2016—2017 年略有下降，之后逐年上升，在 2020 年达标率最高，2017 年最低，详见图 8-10。

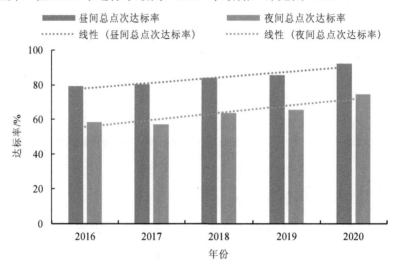

图 8-10　2016—2020 年全省声环境功能区昼间、夜间总点次达标率变化趋势

8.3　"十三五"末与"十二五"末声环境质量对比变化情况

"十三五"末和"十二五"末相比，全省城市昼间道路交通平均等效声级从 67.5 dB（A）降至 65.8 dB（A），呈现好转趋势。全省功能区声环境质量点次达标率昼间上升 6.1%，夜间上升 13.8%。除 3 类功能区夜间下降 3.4%，4 b 类昼间无变化外，其他各类功能区达标率均上升。

8.4　"十三五"与"十二五"声环境质量变化情况

8.4.1　区域声环境质量

2011—2020 年，全省城市昼间区域平均等效声级均小于二级标准 55.0 dB（A）。2011—2015 年，呈先下降再逐年上升的趋势，2016 年下降 0.7 dB（A），再逐年上升至 2019 年的 54.6 dB（A），为 10 年内最高值，2020 年下降 0.7 dB（A），仅与 2011 年相差 0.2 dB（A），详见图 8-11。

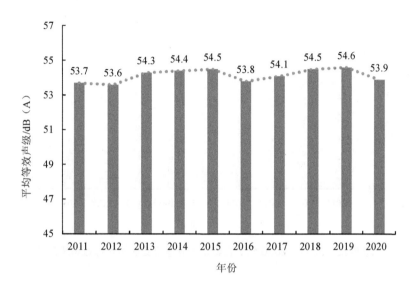

图 8-11　2011—2020 年全省城市昼间区域平均等效声级变化

2011—2020 年，全省城市区域声环境质量监测共进行了两次，分别为 2013 年和 2018 年。夜间平均等效声级由 43.8 dB（A）上升至 44.4 dB（A），上升了 0.6 dB（A），增幅 1.4%，略有变差的趋势。

8.4.2　道路交通声环境质量

2011—2020 年，全省城市昼间道路交通平均等效声级均小于一级标准限值 68.0 dB（A）。整体呈波浪形变化，2011—2013 年，呈逐年下降的趋势，2013 年为 10 年内最低值 65.0 dB（A），再逐年上升至 2015 年的 67.5 dB（A），为 10 年内最高值，2016 年下降 1.5 dB（A），再逐年上升至 2018 年的 66.8 dB（A），又在 2019 年下降，后于 2020 年上升至 65.8 dB（A），详见图 8-12。

2011—2020 年，全省城市道路交通声环境质量夜间监测共进行了两次，分别为 2013 年和 2018 年。夜间平均等效声级由 56.2 dB（A）降至 55.9 dB（A），下降了 0.3 dB（A），降幅 0.53%，略有好转的趋势。

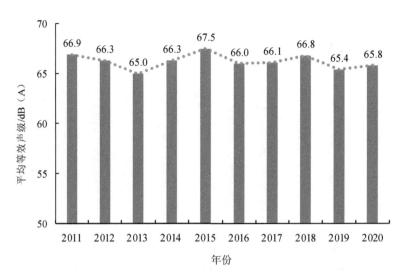

图 8-12 2011—2020 年全省城市昼间道路交通平均等效声级对比

8.4.3 秩相关分析

2011—2020 年，将全省 10 年的昼间区域平均等效声级代入秩相关公式，得出 r_s=0.5，基本无变化，说明全省各城市（地区）昼间区域声环境质量状况相对稳定。

2011—2020 年，将全省 10 年的昼间道路交通平均等效声级代入秩相关公式，得出 r_s=-0.4，基本无变化，说明全省各城市昼间道路交通声环境质量状况相对稳定。

第九章　生态环境质量状况

9.1　生态环境质量现状及同比变化情况

9.1.1　全省生态环境质量状况

2020 年，全省生态环境状况指数为 72.2，同比上升 0.04%，生态环境质量等级为良，生态环境整体状况良好，植被覆盖度较高，生物多样性较丰富，适合人类生存。

9.1.2　城市生态环境质量状况

2020 年，全省 13 个城市（地区）生态环境状况指数为 57.2～85.5，生态环境质量等级为优和良，生态环境质量等级为优的有 3 个，等级为良的有 10 个。生态环境质量等级为优的城市为牡丹江市、伊春市、大兴安岭地区，面积占全省总面积的 30.1%。等级为良的城市占全省总面积的 69.9%。

生态环境状况指数在 80 以上的为牡丹江市、伊春市、大兴安岭地区，生物丰度和植被覆盖指数全省排名较高。生态环境状况指数在 60 以下的为大庆市和齐齐哈尔市，景观类型以耕地为主，生物丰度和植被覆盖指数全省排名较低。黑龙江省各城市生态环境状况指数及分指数见表 9-1 和图 9-1。

表 9-1　黑龙江省各城市生态环境状况指数

行政区域	生物丰度指数	植被覆盖指数	水网密度指数	土地胁迫指数	污染负荷指数	EI	级别
哈尔滨市	58.0	94.2	22.4	6.8	1.0	71.1	
齐齐哈尔市	32.0	81.7	14.0	4.0	0.4	58.1	
鸡西市	54.4	85.5	30.0	3.6	0.2	69.4	良
鹤岗市	60.4	93.1	23.0	1.7	0.9	72.5	
双鸭山市	56.8	94.3	15.8	3.2	0.5	70.3	
大庆市	37.0	70.4	26.3	15.0	0.5	57.2	

行政区域	生物丰度指数	植被覆盖指数	水网密度指数	土地胁迫指数	污染负荷指数	EI	级别
伊春市	89.6	103.9	22.1	1.1	0.2	85.5	优
佳木斯市	41.1	86.0	22.2	2.0	0.1	63.9	良
七台河市	58.4	93.8	13.2	4.6	0.7	70.1	
牡丹江市	79.7	101.0	24.7	5.8	0.2	80.9	优
黑河市	67.7	94.7	18.0	1.5	0.1	74.8	良
绥化市	39.8	87.0	15.9	2.8	0.3	62.6	
大兴安岭地区	90.4	97.0	18.5	0.2	0.0	83.6	优

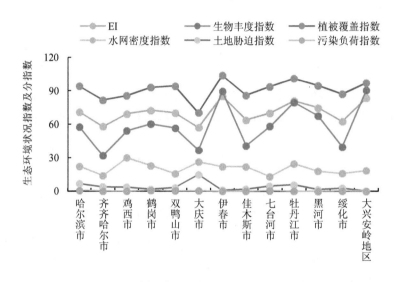

图 9-1　黑龙江省各城市（地区）生态环境状况指数及分指数

生物丰度指数为 32.0～90.4，各城市差异性较大。牡丹江市、伊春市和大兴安岭地区较高，齐齐哈尔市、大庆市、绥化市和佳木斯市较低。植被覆盖指数为 70.4～103.9，牡丹江市和伊春市较高，大庆市较低。水网密度指数鸡西市较高，其他各城市差异不明显。土地胁迫指数大庆市较高。污染负荷指数均较低，且各城市差异较小。

9.1.3　县（市）生态环境质量状况

2020 年，全省 75 个县（市）中，有 21 个县（市）生态环境质量为优，占全省总数的 28.0%；52 个县（市）为良，占全省总数的 69.3%；2 个县（市）为一般，占全省总数的 2.7%。生态环境质量为优的面积占全省总面积的 44.8%，为良的面积占全省总面积的 53.5%，主要分布在大小兴安岭、东部山地和三江平原地区；生态环境质量为一般的面积占全省总面积的 1.7%，主要分布在湿润半湿润的松嫩平原区。

伊春市、牡丹江市和大兴安岭地区的各县（市）生态环境质量等级均为优。齐齐哈尔市、鸡西市、双鸭山市、佳木斯市和七台河市的各县（市）生态环境质量等级均为良。哈尔滨市的各县（市）中，优类为 4 个，良类为 6 个；鹤岗市的各县（市）中，优类为 1 个，良类为 2 个；大庆市的各县（市）中，良类为 3 个，一般类为 2 个；黑河市的各县（市），优类为 2 个，良类为 4 个；绥化市的各县（市）中，优类为 1 个，良类为 9 个，详见表 9-2。

表 9-2　黑龙江省各县（市）生态环境质量评价结果

行政区域	县（市）个数/个	优		良		一般	
		个数/个	面积占比	个数/个	面积占比	个数/个	面积占比
哈尔滨市	10	4	47.2%	6	52.9%	—	—
齐齐哈尔市	10	—	—	10	100%	—	—
鸡西市	4	—	—	4	100%	—	—
鹤岗市	3	1	31.1%	2	69.0%	—	—
双鸭山市	5	—	—	5	100%	—	—
大庆市	5	—	—	3	64.6%	2	35.4%
伊春市	3	3	100%	—	—	—	—
佳木斯市	7	—	—	7	100%	—	—
七台河市	2	—	—	2	100%	—	—
牡丹江市	7	7	100%	—	—	—	—
黑河市	6	2	47.0%	4	53.0%	—	—
绥化市	10	1	15.7%	9	84.3%	—	—
大兴安岭地区	3	3	100%	—	—	—	—
全省	75	21	44.8%	52	53.5%	2	1.7%

生态环境质量为一般的 2 个县（市）分别是位于松嫩平原的大庆市辖区、肇州县。地形和气候等因素使得该区域存在水土流失和土壤盐碱化等环境问题，生物丰度指数和植被覆盖指数相对较低。

9.2　"十三五"期间生态环境质量状况及变化趋势

9.2.1　全省生态环境质量变化分析

2016—2020 年，全省生态环境状况指数由 71.9 变为 72.2，生态环境状况保持稳定，无明显变化。从变化趋势看，全省生态环境状况指数总体呈波动趋势变化，2016 年略微下降，从 2017 年开始生态环境状况指数逐渐上升，全省生态环境质量呈良好趋势发展。详见表 9-3 和图 9-2。

表 9-3　2016—2020 年黑龙江省生态环境状况指数

年份	生物丰度指数	植被覆盖指数	水网密度指数	土地胁迫指数	污染负荷指数	EI
2016	62.1	91.2	21.4	5.3	0.5	71.9
2017	62.1	91.8	20.9	7.7	0.4	71.6
2018	62.1	91.9	21.6	7.7	0.3	71.8
2019	62.1	91.8	20.2	3.2	0.3	72.2
2020	62.0	92.1	20.2	3.5	0.3	72.2

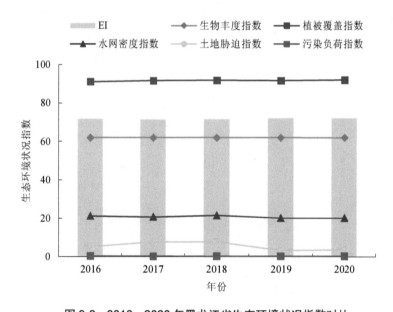

图 9-2　2016—2020 年黑龙江省生态环境状况指数对比

9.2.2　各城市（地区）生态环境质量变化分析

2016—2020 年，全省 13 个城市（地区）生态环境状况指数变化范围为 -0.7～1.3，无明显变化或略微变化。其中牡丹江市、绥化市、齐齐哈尔市生态环境质量略微变好；其他城市（地区）生态环境质量无明显变化。13 个城市（地区）生态环境质量等级无变化。黑龙江省各城市（地区）生态环境状况指数及分指数变化情况详见表 9-4。

表9-4　黑龙江省各城市（地区）生态环境状况指数及分指数变化

行政区域	生物丰度指数	植被覆盖指数	水网密度指数	土地胁迫指数	污染负荷指数	EI
哈尔滨市	0.0	0.4	-3.2	-1.2	-0.6	-0.1
齐齐哈尔市	0.0	1.6	-0.5	-6.3	0.0	1.3
鸡西市	0.0	-0.3	-3.8	-1.9	-0.1	-0.3
鹤岗市	0.0	-0.6	-5.7	-8.9	0.0	-0.6
双鸭山市	-0.1	0.4	-3.1	1.7	-0.3	-0.6
大庆市	-0.1	2.0	-0.3	7.0	-0.2	-0.6
伊春市	0.0	0.2	-0.5	-1.9	0.0	0.3
佳木斯市	0.0	-0.3	-3.0	-0.8	-0.3	-0.4
七台河市	0.0	-0.1	-2.3	2.3	-0.7	-0.7
牡丹江市	0.0	1.8	1.1	-3.3	-0.1	1.1
黑河市	-0.1	1.5	0.4	-0.1	0.0	0.4
绥化市	0.0	0.1	0.0	-8.6	0.1	1.2
大兴安岭地区	0.0	1.3	-0.9	-0.1	0.0	0.2

9.2.3　各县（市）生态环境质量变化分析

2016—2020年，75个县（市）中有49个县（市）生态环境质量无明显变化。20个县（市）生态环境质量略微变化，其中12个县（市）生态环境质量略微好转，8个县（市）生态环境质量略微变差。6个县（市）生态环境质量明显好转。68个县（市）生态环境质量等级无变化；7个县（市）生态环境质量等级发生变化。依安县、甘南县、青冈县和安达市生态环境质量等级由一般变为良，绥芬河市生态环境质量等级由良变为优，大庆市生态环境质量等级由良变为一般，饶河县生态环境质量等级由优变为良。

9.3　"十三五"末与"十二五"末生态环境质量对比变化情况

与2015年相比，2020年全省生物丰度指数下降0.2，植被覆盖指数下降0.3，水网密度指数下降1.2，土地胁迫指数下降1.8，污染负荷指数下降0.4，EI保持稳定。其中生物丰度指数、植被覆盖指数、水网密度指数对生态环境质量状况起正向调节作用，土地胁迫指数和污染负荷指数对生态环境质量状况起负向调节作用，详见图9-3。

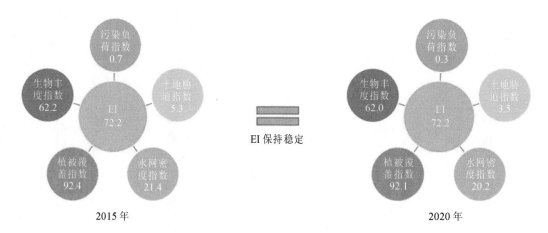

图 9-3　2015 年和 2020 年全省生态环境状况指数及分指数对比情况

9.4 "十三五"与"十二五"生态环境质量变化情况

2011—2020 年，全省生态环境状况指数在 71.3～73.7 之间波动，2013 年为最高值73.7，2011 年为 10 年最低值 71.3，生态环境质量等级均为良，未发生改变。2011—2020年黑龙江省生态环境状况指数详见表 9-5。

表 9-5　2011—2020 年黑龙江省生态环境状况指数及变化趋势

年份	生物丰度指数	植被覆盖指数	水网密度指数	土地胁迫指数	污染负荷指数	EI
2011	62.2	89.4	20.1	5.3	0.7	71.3
2012	62.2	90.1	21.4	5.3	0.7	71.6
2013	62.2	96.2	25.3	5.3	0.7	73.7
2014	62.2	88.9	22.2	5.3	0.8	71.4
2015	62.2	92.4	21.4	5.3	0.7	72.2
2016	62.1	91.2	21.4	5.3	0.5	71.9
2017	62.1	91.8	20.9	7.7	0.4	71.6
2018	62.1	91.9	21.6	7.7	0.3	71.8
2019	62.1	91.8	20.2	3.2	0.3	72.2
2020	62.0	92.1	20.2	3.5	0.3	72.2
变化趋势						

　　"十三五"与"十二五"期间生物丰度指数无明显变化，波动范围较小；植被覆盖指数 2014 年为 10 年最低值 88.9，2013 年为 10 年最高值 96.2；水网密度指数 2011 年为 10 年最低值 20.1，2013 年为 10 年最高值 25.3；土地胁迫指数"十二五"期间保持稳定，"十三五"期间先上升后下降，2019 年为 10 年最低值 3.2；污染负荷指数 2014 年为 10 年最高值 0.8，"十三五"期间污染负荷指数逐渐下降。

第十章 农村环境质量状况

10.1 农村环境质量现状及同比变化情况

10.1.1 环境空气质量状况

2020 年,130 个村庄中有 129 个村庄(占 99.2%)空气质量无超标情况,有 1 个村庄(占 0.8%)存在超标现象,超标项目为 O_3,最大超标倍数为 0.01 倍。

空气质量监测天数累计 2 305 天,其中达标天数 2 304 天,环境空气质量达标率为 99.9%,同比上升 0.1%。

10.1.2 饮用水水源地水质状况

2020 年,村庄饮用水水源地总体水质达标比例为 79.2%,同比上升 7.4%。其中,地表水饮用水水源地水质达标比例为 100%,地下水饮用水水源地水质达标比例为 78.9%。地下水饮用水水源地水质主要超标项目为铁、锰、氨氮、色度、浑浊度、肉眼可见物、硝酸盐和总大肠菌群。

10.1.3 土壤环境质量状况

2020 年,采集土壤样品 364 个,其中 361 个土壤样品(占 99.2%)低于农用地土壤污染风险筛选值,3 个土壤样品(占 0.8%)超出农用地土壤污染风险筛选值,对农产品质量安全、农作物生长或土壤生态环境可能存在风险,应加强土壤环境监测和农产品协同监测。超出农用土壤污染风险筛选值的项目为镉。

与上年相比,土壤样品低于农用地土壤污染风险筛选值的比例上升 0.5%。

10.1.4 地表水环境质量状况

2020 年,43 个县的 86 个地表水水质监测断面中,Ⅰ～Ⅲ类水质断面 56 个(占 65.1%),Ⅳ类水质断面 23 个(占 26.8%),Ⅴ类水质断面 5 个(占 5.8%),劣Ⅴ类水质断面 2 个

（占 2.3%）。地表水超标项目主要为高锰酸盐指数、化学需氧量、五日生化需氧量、氨氮、总磷和氟化物。县域地表水水质类别比例详见图 10-1。

2020 年，县域农村地表水水质达标比例为 65.1%，同比上升 3.8%。

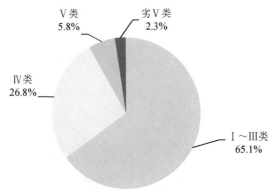

图 10-1　2020 年县域地表水水质类别比例

10.1.5　生态质量状况

2020 年，监测的 43 个县域中，23.3%的县域生态环境质量为优；53.4%的县域生态环境质量为良；23.3%的县域生态环境质量为一般。与上年相比，生态环境质量无明显变化。2020 年全省农村生态质量状况比例详见图 10-2。

图 10-2　2020 年全省农村生态质量状况比例

10.1.6　农村环境质量综合状况

2020 年，对 41 个县（市、区）进行了农村环境质量综合评价，其中 12.2%的县（市、区）的农村环境质量综合状况级别为优，无污染，生态环境优美，特别适合农村居民生活和生产；63.4%的县（市、区）的农村环境质量综合状况级别为良，轻微污染，生态环境良好，基本适合农村居民生活和生产；24.4%的县（市、区）的农村环境质量综合状况级别为一般，轻度污染，生态环境一般，较适合生活和生产。2020 年全省农村环境质量状况比例详见图 10-3。

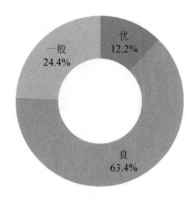

图 10-3　2020 年全省农村环境质量状况比例

10.2　"十三五"期间农村环境质量状况及变化趋势

10.2.1　环境空气质量变化分析

2016—2020 年，农村环境空气质量达标率为 99.8%～99.9%，变化不大，超标项目主要为 PM_{10}、$PM_{2.5}$、NO_2 和 O_3。"十三五"期间监测村庄环境空气质量达标率见图 10-4，超标情况详见表 10-1。

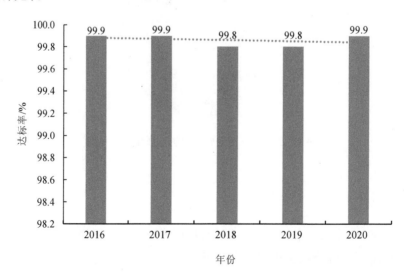

图 10-4　"十三五"期间监测村庄环境空气质量达标率

表 10-1　"十三五"期间监测村庄环境空气超标情况

年份	累计监测天数/天	环境空气质量达标率/%	主要超标项目（最大超标倍数）	首要污染物
2016	2 065	99.9	PM_{10}（0.5）	PM_{10}
2017	2 170	99.9	PM_{10}（0.3）	PM_{10}
2018	2 025	99.8	PM_{10}（1.95）	PM_{10}
2019	2 480	99.8	NO_2（0.02）、$PM_{2.5}$（0.2）	$PM_{2.5}$
2020	2 305	99.9	O_3（0.01）	O_3

10.2.2　饮用水水源地水质变化分析

2016—2020 年监测村庄饮用水水源地水质达标率分别为 77.5%、74.3%、64.0%、71.8 和 79.2%。地表水饮用水超标项目主要为总磷、铁和锰；地下水饮用水超标项目主要为铁、锰、氨氮、耗氧量和浑浊度，由于地质原因，个别村庄铁和锰超标严重。"十三五"期间监测村庄饮用水水源地水质达标率见图 10-5，超标情况详见表 10-2。

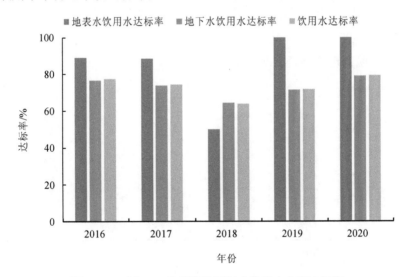

图 10-5　"十三五"期间监测村庄饮用水水质达标率

表 10-2　"十三五"期间监测村庄饮用水水源地水质超标情况

年份	地表水饮用水			地下水饮用水		
	监测断面数/个	达标率/%	超标项目（最大超标倍数）	监测点位数/个	达标率/%	超标项目（最大超标倍数）
2016	9	88.9	铁（10.3）、锰（35.0）	111	76.6	铁（121.3）、锰（52.9）、氨氮（1.3）
2017	6	88.3	总磷（0.4）	107	73.8	铁（52.0）、锰（26.7）、氨氮（3.9）

年份	地表水饮用水			地下水饮用水		
	监测断面数/个	达标率/%	超标项目（最大超标倍数）	监测点位数/个	达标率/%	超标项目（最大超标倍数）
2018	4	50	总磷（0.2）	107	64.5	铁（99.0）、锰（34.4）、氨氮（4.6）、耗氧量（0.9）、浑浊度（0.8）
2019	1	100	无	123	71.5	铁（36.0）、锰（16.7）、氨氮（5.5）、耗氧量（0.8）、硝酸盐氮（1.5）
2020	2	100	无	128	78.9	铁（190）、锰（44.4）、氨氮（23.3）、浑浊度（34.0）、总大肠菌群（75.7）、色度（1.7）

10.2.3 土壤环境质量变化分析

2016—2020 年，所监测的土壤样品低于农用地土壤污染风险筛选值的比例为 90.6%～99.2%，超出农用土壤污染风险筛选值的项目为镉、铅、汞和铜。

"十三五"期间监测村庄土壤低于农用地土壤污染风险筛选值比例见图 10-6，超出农用地土壤污染风险筛选值项目情况详见表 10-3。

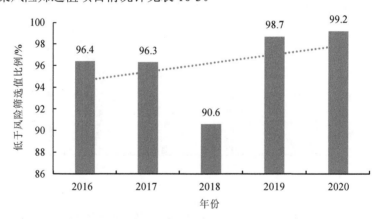

图 10-6　"十三五"期间监测村庄土壤低于农用地土壤污染风险筛选值比例

表 10-3　"十三五"期间监测村庄土壤超出农用地土壤污染风险筛选值项目

年份	采集土壤样品数/个	低于风险筛选值比例/%	超出农用土壤污染风险筛选值的项目及个数/个
2016	255	96.4	镉（9）
2017	246	96.3	镉（9）
2018	213	90.6	镉（7）、铅（15）
2019	316	98.7	铅（2）、汞（1）和铜（1）
2020	364	99.2	镉（3）

10.2.4 地表水环境质量变化分析

2016—2020年县域地表水水质达标率分别为79.4%、69.7%、62.1%、61.2%和65.1%。地表水超标项目主要为高锰酸盐指数、化学需氧量、五日生化需氧量、氨氮和总磷。"十三五"期间监测县域地表水水质达标率见图10-7，超标情况详见表10-4。

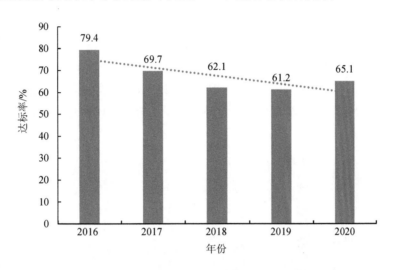

图 10-7 "十三五"期间监测县域地表水水质达标率

表 10-4 "十三五"期间监测县域地表水超标情况

年份	监测地表水断面数/个	达标率/%	地表水主要超标项目（最大超标倍数）
2016	73	79.4	高锰酸盐指数（2.9）、化学需氧量（1.5）、五日生化需氧量（2.0）、氨氮（2.1）、总磷（4.9）
2017	66	69.7	高锰酸盐指数（1.9）、化学需氧量（3.6）、五日生化需氧量（1.9）、氨氮（5.0）、总磷（9.6）、石油类（7.0）
2018	66	62.1	高锰酸盐指数（0.8）、化学需氧量（2.4）、五日生化需氧量（2.1）、氨氮（5.5）、总磷（4.2）、石油类（0.8）
2019	80	61.2	高锰酸盐指数（1.9）、化学需氧量（2.2）、五日生化需氧量（2.6）、氨氮（7.9）、总磷（28.8）、氟化物（0.8）
2020	86	65.1	高锰酸盐指数（2.0）、化学需氧量（1.2）、五日生化需氧量（2.4）、氨氮（6.2）、总磷（17.8）、氟化物（0.4）

10.2.5 生态质量变化分析

2016—2020年，农村生态状况变化不大。农村生态状况等级除通河县和绥滨县有所好转外，其他县域农村生态状况等级没有变化。农村生态状况以县域为单位，由生物丰度指数、植被覆盖指数、水网密度指数、土地胁迫指数和人类干扰指数加权进行评价。其中生物丰度指数、土地胁迫指数和人类干扰指数几乎没有变化，植被覆盖指数和水网密度指数各年有略微变化，对农村生态状况有所影响。

10.2.6 农村环境质量综合状况变化分析

2016—2020年对农村环境质量进行了综合评价。"十三五"期间，县（市、区）的农村环境质量综合状况级别为优的占 6.1%～12.2%，无污染，生态环境优美，特别适合农村居民生活和生产；级别为良的占 63.4%～71.9%，轻微污染，生态环境良好，基本适合农村居民生活和生产；级别为一般的占 21.2%～27.3%，轻度污染，生态环境一般，较适合生活和生产。"十三五"期间全省农村环境质量综合状况比例见图 10-8。

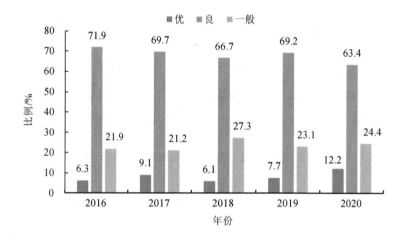

图 10-8 "十三五"期间全省农村环境质量综合状况比例

2016—2020年，可比较的38个县（市）的农村环境质量综合状况变化度为-6～5，其中，10个县（市）为略微好转，5个县（市）为略微变差，23个县（市）无明显变化。"十三五"期间农村环境质量综合状况变化情况详见表 10-5。

表 10-5 "十三五"期间农村环境质量综合状况变化情况

序号	县（市）	农村环境质量综合状况变化度	变化情况
1	木兰县	5	略微好转
2	虎林市	5	略微好转
3	绥滨县	4	略微好转
4	集贤县	4	略微好转
5	勃利县	4	略微好转

序号	县（市）	农村环境质量综合状况变化度	变化情况
6	东宁市	5	略微好转
7	海林市	4	略微好转
8	穆棱市	4	略微好转
9	庆安县	3	略微好转
10	绥棱县	4	略微好转
11	延寿县	−3	略微变差
12	甘南县	−5	略微变差
13	嘉荫县	−5	略微变差
14	抚远市	−6	略微变差
15	北安市	−5	略微变差

10.3 "十三五"末与"十二五"末农村环境质量对比变化情况

与"十二五"末相比，可比较的 27 个县（市、区）的农村环境质量综合状况变化度为−5～12，其中，2 个县（市、区）为明显好转，5 个县（市、区）为略微好转，2 个县（市、区）为略微变差，18 个县（市、区）无明显变化。与"十二五"末相比，农村环境质量综合状况变化情况详见表 10-6。

表 10-6 与"十二五"末相比农村环境质量综合状况变化情况

序号	城市名称	县（市、区）	农村环境质量综合指数（RQI）		农村环境质量综合状况变化度	变化情况
			2020 年	2015 年		
1	哈尔滨市	方正县	75	77	−2	无明显变化
2		木兰县	75	69	7	略微好转
3		延寿县	74	74	0	无明显变化
4		尚志市	77	73	4	略微好转
5		五常市	74	78	−4	略微变差
6	齐齐哈尔市	龙江县	72	69	3	无明显变化
7		甘南县	66	66	0	无明显变化
8		富裕县	66	66	0	无明显变化
9	鸡西市	虎林市	75	71	4	略微好转
10		密山市	69	69	0	无明显变化
11	大庆市	龙凤区	62	64	−2	无明显变化
12	伊春市	嘉荫县	72	60	12	明显好转
13		铁力市	81	80	1	无明显变化

序号	城市名称	县（市、区）	农村环境质量综合指数（RQI）		农村环境质量综合状况变化度	变化情况
			2020 年	2015 年		
14	佳木斯市	郊区	73	71	2	无明显变化
15	牡丹江市	东宁市	85	80	5	略微好转
16		海林市	87	80	7	明显好转
17		宁安市	79	78	1	无明显变化
18	黑河市	嫩江市	74	75	−1	无明显变化
19		逊克县	79	76	3	略微好转
20		孙吴县	77	77	0	无明显变化
21		北安市	70	70	0	无明显变化
22		五大连池市	69	74	−5	略微变差
23	绥化市	庆安县	79	79	0	无明显变化
24		绥棱县	78	77	1	无明显变化
25	大兴安岭地区	呼玛县	86	85	1	无明显变化
26		塔河县	86	84	2	无明显变化
27		漠河市	85	87	−2	无明显变化

第十一章　辐射环境状况

11.1　辐射环境质量现状及"十三五"变化趋势分析

11.1.1　电离辐射环境质量状况

（1）自动监测点

截至"十三五"末，全省国控点设有自动监测站 15 个，监测项目包括环境 γ 辐射空气吸收剂量率连续监测系统、气溶胶取样监测、沉降物取样监测、气碘取样监测。监测结果表明，2016—2020 年全省国控点自动监测点环境 γ 辐射空气吸收剂量率连续监测结果在黑龙江省天然放射性水平调查的涨落范围内。

（2）陆地监测点

全省共设国控点陆地辐射监测点 14 个，省控陆地监测点 22 个，监测累积环境 γ 辐射空气吸收剂量率。2016—2020 年 14 个省控点陆地辐射监测点监测结果表明，全省陆地辐射监测点监测结果在全国天然放射性本底水平调查的涨落范围内。详见图 11-1。

（3）水体监测点

全省国控点设有水体监测点 20 个，包括江河水 4 个，湖库水 2 个，地下水 1 个，水源地饮用水 13 个。各断面总 α 放射性核素活度、总 β 放射性核素活度浓度水平未发生显著变化，均在黑龙江水体本底调查范围之内。全省省控点设有水体监测点 1 个，为哈尔滨市西泉眼水库，监测结果表明该水源地总 α 放射性核素活度、总 β 放射性核素活度浓度水平未发生异常，均在黑龙江水体本底调查范围内。

（4）土壤监测点

全省设立了 13 个国控土壤监测点，2016—2020 年黑龙江省土壤放射性核素监测结果与黑龙江省土壤天然辐射水平相比，在正常涨落范围内。

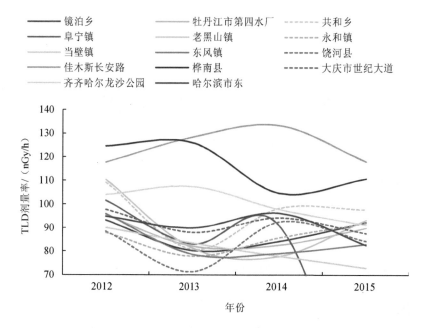

图 11-1　2016—2020 年黑龙江省国控点 γ 累积剂量

第四篇

生态环境质量关联分析及"十四五"预测

第十二章 生态环境质量关联分析

12.1 分析方法与数据的选取

12.1.1 分析方法

环境库兹涅茨曲线。采用环境库兹涅茨曲线（Environmental Kuznets curve，EKC）描述经济增长与环境污染水平的演进关系。该曲线为倒 U 形，代表经济发展初期环境质量恶化，而经济发展到一定阶段时环境质量得到改善。

斯皮尔曼相关性分析。斯皮尔曼等级相关系数以查尔斯·斯皮尔曼（Charles Spearman）命名，并用希腊字母 ρ（rho）表示其值，用来估计两个变量之间的相关性，变量间的相关性可以使用单调函数来描述。

灰色关联分析。由于全省生态环境质量监测起步较晚，存在较多未知信息，符合灰色系统特征。本章采用灰色关联分析法对黑龙江省"十三五"期间生态环境质量和影响因素进行关联分析。

12.1.2 数据选取

EKC 回归分析数据的选取。采用 EKC 对经济发展和污染排放进行关联分析。选取污染排放量指标为工业源废水排放量、工业源化学需氧量排放量、工业源氨氮排放量、工业源废气排放量、工业源二氧化硫排放量、工业源氮氧化物排放量、工业源（粉）尘排放量、工业源固体废物产生量、生活源污水排放量、生活源化学需氧量排放量和生活源氨氮排放量。

斯皮尔曼相关分析数据的选取。采用斯皮尔曼相关分析法对全省污染排放与能源消耗、环境质量的相关性进行分析。

灰色关联分析数据的选取。参考序列：全省近 10 年的气候、人口、经济、能源消耗、水资源、交通、农业、林业、污染排放数据。比较序列：生态环境质量数据，主要包括环境空气、地表水环境、土壤环境、道路噪声和生态质量数据。

（1）污染排放与能源消耗相关性

污染排放：工业源废水排放量、工业源化学需氧量排放量、工业源氨氮排放量、工业源氮氧化物排放量、工业源二氧化硫排放量、工业源颗粒物排放量、工业源固体废物产生量、工业源废气排放量。

能源消耗：煤炭总消耗量、燃料煤消耗量、燃料油消耗量、焦炭消耗量、天然气消耗量以及其他燃料消耗量。

（2）污染排放与环境质量相关性

污染排放：工业源二氧化硫排放量、工业源颗粒物排放量、工业源氮氧化物排放量、工业源化学需氧量排放量、工业源氨氮排放量、生活源化学需氧量排放量、生活源氨氮排放量。

环境质量：SO_2、NO_2、$PM_{2.5}$、PM_{10}、地表水中高锰酸盐指数、化学需氧量和氨氮的年均值。

12.1.3 数据来源

污染排放数据来源于黑龙江省环境统计年报，其中 2016—2019 年各项污染排放数据为生态环境部更新后数据及 2020 年工业源年报数据。气候、人口、经济、能源消耗、水资源、交通、农业、林业数据来源于《黑龙江省统计年鉴》和黑龙江省统计局官网公报数据。生态环境质量数据来源于环境空气、地表水环境、土壤环境、声环境和生态质量例行监测数据。

12.2　基于 EKC 和斯皮尔曼相关系数的环境质量相关分析

12.2.1　污染排放与经济发展

"十三五"期间，黑龙江省宏观经济保持总体平稳，新动能不断积聚，民生持续改善，为黑龙江全面振兴、全方位振兴奠定了基础。截至"十三五"末，全省实现地区生产总值（GDP）13 698.5 亿元，按可比价格计算，比上年增长 1.0%。从三次产业看，第一产业增加值 3 438.3 亿元，增长 2.9%；第二产业增加值 3 483.5 亿元，增长 2.6%；第三产业增加值 6 776.7 亿元，下降 1.0%。

经济发展与环境质量进行曲线拟合，根据人均 GDP 与主要生态环境指标之间的相关性，将回归方程设为：$\beta_2 X^2 + \beta_1 X + \beta_0 = Y$，式中 β_1、β_2、β_0 为 EKC 模式中相关系数；Y 为污染排放量；X 为人均 GDP。分别对上述指标进行模拟，曲线的拟合度及参数检验的显著性详见表 12-1，拟合曲线见图 12-1。

表 12-1 污染排放量与 2011—2019 年全省人均 GDP 的相关系数

污染排放	EKC 曲线方程	R^2
工业源废水排放量	$Y=-45\ 481.846+8.859\times X-1.993\times 10^{-4}\times X^2$	0.564
工业源化学需氧量排放量	$Y=1.234+0.002\times X-4.510\times 10^{-8}\times X^2$	0.540
工业源氨氮排放量	$Y=-0.990+1.632\times 10^{-4}\times X-3.829\times 10^{-9}\times X^2$	0.510
工业源废气排放量	$Y=14\ 495.308-0.421\times X+9.829\times 10^{-6}\times X^2$	0.264
工业源二氧化硫排放量	$Y=141.033-0.003\times X-3.678\times 10^{-8}\times X^2$	0.609
工业源氮氧化物排放量	$Y=85.102+0.002\times X-1.299\times 10^{-7}\times X^2$	0.565
工业源颗粒物排放量	$Y=-193.744+0.020\times X-4.022\times 10^{-7}\times X^2$	0.438
工业源固体废物产生量	$Y=20\ 692.066-1.311\times X+2.838\times 10^{-5}\times X^2$	0.687

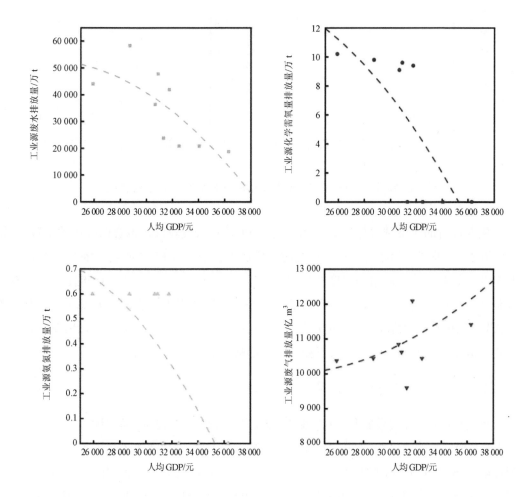

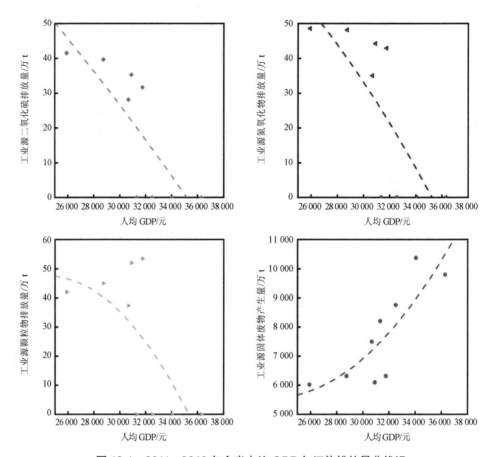

图 12-1 2011—2019 年全省人均 GDP 与污染排放量曲线组

黑龙江省的污染排放与人均 GDP 的回归曲线拟合度较低，拟合曲线相关系数 R^2 均小于 0.8。黑龙江省的经济发展与环境污染排放不完全符合 EKC 曲线的倒 U 形特征，随着黑龙江省对环境质量治理力度的加强，污染物的处置量、处理率在逐年提升，随着资源整合，产业结构的调整，循环经济的不断发展，环境保护资金的大力投入，黑龙江省在人均 GDP 增长的情况下，环境质量在不断改善。从曲线图上可以看出，黑龙江省的污染物排放量在上升到一定阶段后正在呈下降趋势发展。

12.2.2 污染排放与能源消耗

使用斯皮尔曼相关系数表示污染排放与能源消耗相关性的强弱，详见图 12-2。其中，$X1$ 为煤炭总消耗量、$X2$ 为燃料煤消耗量、$X3$ 为燃料油消耗量、$X4$ 为焦炭消耗量、$X5$ 为天然气消耗量、$X6$ 为其他燃料消耗量、$X7$ 为工业源废水排放量、$X8$ 为工业源化学需氧量排放量、$X9$ 为工业源氨氮排放量、$X10$ 为工业源氮氧化物排放量、$X11$ 为工业源二氧化硫排放量、$X12$ 为工业源颗粒物排放量、$X13$ 为工业源固体废物产生量、$X14$ 为工业源废气排放量。

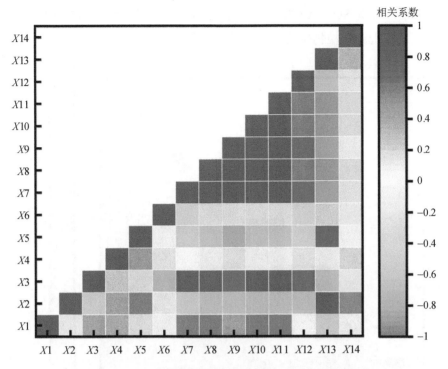

图12-2　污染排放与能源消耗的斯皮尔曼相关系数

结果表明，工业源废水、化学需氧量、氨氮排放量与煤炭总消耗量和燃料油消耗量呈正相关关系，与燃料煤、焦炭、天然气和其他燃料消耗量呈负相关关系。工业源废气排放量与燃料煤和焦炭消耗量呈正相关关系，与煤炭总、燃料油、天然气和其他燃料消耗量呈负相关关系。工业源氮氧化物、二氧化硫排放量与煤炭总消耗量和燃料油消耗量呈正相关关系，与燃料煤、焦炭、天然气和其他燃料消耗量呈负相关关系。工业源颗粒物排放量与燃料油消耗量呈正相关关系，与煤炭总、燃料煤、焦炭、天然气和其他燃料消耗量呈负相关关系。工业源固体废物产生量与燃料煤、焦炭、天然气和其他燃料消耗量呈正相关关系，与煤炭总消耗量和燃料油消耗量呈负相关关系。

其中，工业源固体废物产生量与燃料煤消耗量呈极显著的正相关关系。工业源二氧化硫、颗粒物排放量与燃料油消耗量呈显著的正相关关系。工业源氮氧化物、二氧化硫、颗粒物排放量与燃料煤消耗量，工业源氮氧化物、二氧化硫排放量与天然气消耗量均呈显著的负相关关系。

12.2.3　污染排放与环境质量

（1）污染排放与环境空气质量

使用斯皮尔曼相关系数表示污染排放与环境空气主要污染物相关性的强弱，详见

图 12-3。其中，$X1$ 为 SO_2、$X2$ 为 NO_2、$X3$ 为 $PM_{2.5}$、$X4$ 为 PM_{10}、$X5$ 为工业源二氧化硫排放量、$X6$ 为工业源颗粒物排放量、$X7$ 为工业源氮氧化物排放量。

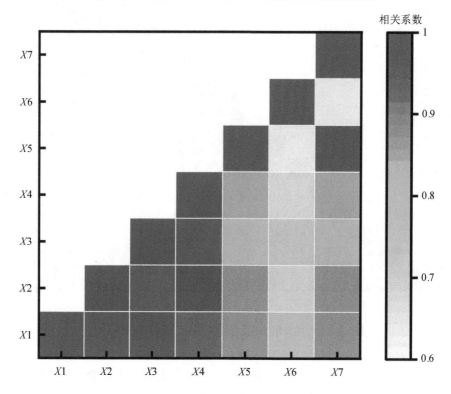

图 12-3　污染排放与环境空气主要污染物的斯皮尔曼相关系数

结果表明，SO_2、NO_2、$PM_{2.5}$ 和 PM_{10} 与工业源二氧化硫、颗粒物和氮氧化物排放量均呈正相关关系。其中，SO_2、NO_2 与工业源二氧化硫和氮氧化物排放量呈极显著的正相关关系，与工业源颗粒物排放量呈显著的正相关关系。$PM_{2.5}$ 与工业源二氧化硫、氮氧化物和颗粒物排放量呈显著的正相关关系。PM_{10} 与工业源二氧化硫和氮氧化物排放量呈极显著的正相关关系，与工业源颗粒物排放量呈显著的正相关关系。工业源废气主要污染物（二氧化硫、二氧化氮和颗粒物）排放与环境空气主要污染物均呈显著或极显著的正相关关系。工业源废气中二氧化硫和二氧化氮排放与环境空气中 PM_{10} 和 $PM_{2.5}$ 呈极显著的正相关关系，但工业源颗粒物与 PM_{10} 和 $PM_{2.5}$ 之间仅为显著的正相关关系。

（2）污染排放与地表水环境质量

使用斯皮尔曼相关系数表示污染排放与地表水环境主要污染物相关性的强弱，详见图 12-4。其中，$X1$ 为地表水高锰酸盐指数、$X2$ 为地表水化学需氧量、$X3$ 为地表水氨氮、$X4$ 为工业源化学需氧量排放量、$X5$ 为工业源氨氮排放量、$X6$ 为生活源化学需氧量排放量、$X7$ 为生活源氨氮排放量。

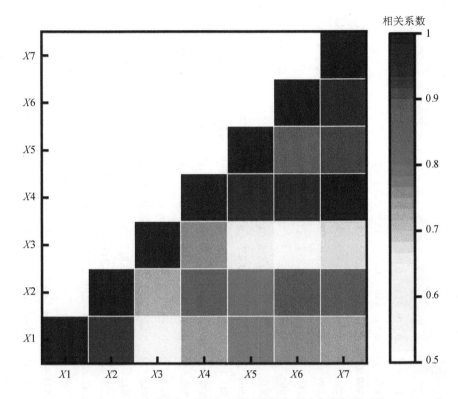

图 12-4　污染排放与地表水主要污染物的斯皮尔曼相关系数

结果表明，地表水高锰酸盐指数、化学需氧量、氨氮和工业源化学需氧量、氨氮排放量、生活源化学需氧量和氨氮排放量均呈正相关关系。其中，高锰酸盐指数与工业源化学需氧量、生活源化学需氧量和生活源氨氮排放量呈显著的正相关关系，与工业源氨氮排放量呈极显著的正相关关系。地表水化学需氧量与工业源化学需氧量、氨氮，生活源化学需氧量、氨氮之间呈极显著的正相关关系。地表水氨氮与工业源化学需氧量和生活源氨氮排放量之间呈显著的正相关关系。

12.3　基于灰色系统的生态环境质量关联分析

12.3.1　环境空气质量与其他领域指标的关联分析

环境空气质量比较序列的灰色关联度及其排名详见表 12-2，各参考序列关联度统计详见图 12-5，平均值详见图 12-6。为了综合评判环境空气质量与各类因素的关联度，采用平均值法对关联度指标进行评判。七大类因素中高关联度有 6 项，按照平均关联度由大到小依次为人口、林业、经济、气候、交通和农业，中关联度因素仅有能源消耗 1 项。

表 12-2 环境空气质量比较序列的灰色关联度及其排名

关联因素类型（大类）	关联因素类型（小类）	综合污染指数比例	优良天数比例	$PM_{2.5}$	PM_{10}	SO_2	NO_2	CO	O_3
气候	平均气温/℃	0.884（14）	0.909（14）	0.832（15）	0.879（14）	0.805（12）	0.901（14）	0.845（14）	0.913（13）
	年均降水量/mm	0.846（16）	0.907（15）	0.800（18）	0.843（16）	0.764（18）	0.861（16）	0.806（18）	0.912（14）
	年日照时数/h	0.921（6）	0.971（7）	0.869（7）	0.917（7）	0.831（8）	0.938（6）	0.877（7）	0.954（6）
人口	黑龙江省人口/万人	0.952（2）	0.978（4）	0.898（3）	0.948（2）	0.854（5）	0.969（2）	0.904（3）	0.934（11）
	城镇人口/万人	0.942（5）	0.988（1）	0.889（5）	0.938（5）	0.846（7）	0.959（5）	0.895（5）	0.944（8）
	人均地区生产总值（元/人）	0.905（10）	0.970（8）	0.853（10）	0.900（10）	0.817（11）	0.921（9）	0.861（10）	0.960（3）
经济	第一产业	0.951（3）	0.973（6）	0.897（4）	0.947（3）	0.855（4）	0.969（3）	0.904（2）	0.935（10）
	第二产业	0.973（1）	0.939（12）	0.936（1）	0.963（1）	0.885（1）	0.974（1）	0.942（1）	0.899（15）
	第三产业	0.920（7）	0.982（3）	0.868（8）	0.916（8）	0.830（9）	0.937（7）	0.876（8）	0.963（1）
	地方财政环境保护支出/亿元	0.834（17）	0.823（18）	0.843（11）	0.840（17）	0.778（17）	0.823（18）	0.817（17）	0.825（18）
交通	民用汽车拥有量/万辆	0.869（15）	0.934（13）	0.820（17）	0.865（15）	0.789（16）	0.885（15）	0.830（15）	0.952（7）
	能源消费弹性系数	0.816（18）	0.854（17）	0.769（20）	0.809（18）	0.753（20）	0.831（17）	0.785（19）	0.888（16）
	煤炭消耗量/万t	0.892（11）	0.939（11）	0.842（12）	0.889（11）	0.804（14）	0.907（11）	0.849（11）	0.924（12）
	燃料煤消耗量/万t	0.890（12）	0.957（9）	0.840（14）	0.886（13）	0.804（13）	0.906（12）	0.848（12）	0.959（4）
能源消耗	燃料油消耗量（不含车船用）/万t	0.919（8）	0.883（16）	0.913（2）	0.923（6）	0.862（3）	0.912（10）	0.885（6）	0.870（17）
	焦炭消耗量/万t	0.803（19）	0.817（20）	0.754（21）	0.797（20）	0.743（21）	0.808（19）	0.774（20）	0.816（19）
	天然气消耗量/亿m³	0.540（22）	0.535（22）	0.542（22）	0.540（22）	0.548（22）	0.537（22）	0.539（22）	0.535（22）
	其他燃料消耗量/万吨标准煤	0.789（21）	0.818（19）	0.769（19）	0.786（21）	0.754（19）	0.793（20）	0.770（21）	0.787（20）
林业	森林面积/万hm²	0.948（4）	0.983（2）	0.894（4）	0.944（4）	0.851（6）	0.965（4）	0.900（4）	0.938（9）
	当年人工造林面积/10³ hm²	0.890（13）	0.956（10）	0.842（13）	0.887（12）	0.799（15）	0.905（13）	0.846（13）	0.956（5）
农业	农业机械总动力/万kW	0.909（9）	0.975（5）	0.858（9）	0.905（9）	0.820（10）	0.926（8）	0.865（9）	0.961（2）
	农用大中型拖拉机数量/台	0.797（20）	0.754（21）	0.832（16）	0.799（19）	0.882（2）	0.784（21）	0.827（16）	0.727（21）

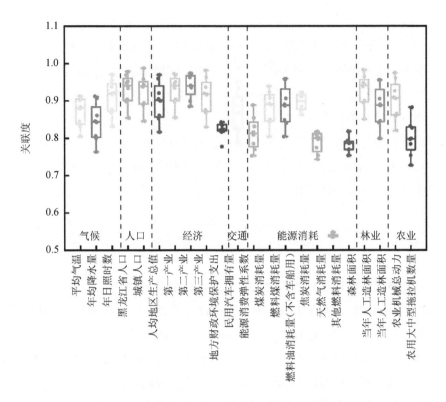

图 12-5　各参考序列与环境空气质量的关联度统计

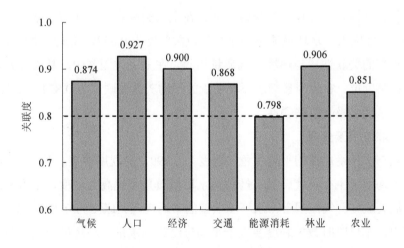

图 12-6　各因素参考序列与环境空气质量的关联度平均值

（1）高关联度因素分析

全省人口因素与环境空气质量的平均灰色关联度为 0.927，在七大类因素中位列第一，呈现出极高的关联性。经济因素与环境空气质量的平均灰色关联度为 0.900，在七大类因素中位列第三，呈现出极高的关联性。林业因素与环境空气质量的平均灰色关联度为 0.906，在七大类因素中位列第二，呈现出极强的关联性，其中，全省森林面积关联度要高于当年人工造林面积。气候因素与环境空气质量的平均灰色关联度为 0.874，呈现出较强的关联性。农业因素与环境空气质量的平均灰色关联度为 0.851，呈现出较高的关联性。

（2）中关联度因素分析

能源消耗因素与环境空气质量的平均灰色关联度为 0.798，关联强度中等。其中，能源消费弹性系数、煤炭消耗量、燃料煤消耗量、燃料油消耗量与环境空气质量为高关联度，焦炭消耗量和其他燃料消耗量与环境空气质量为中关联度，天然气消耗量为低关联度。

12.3.2　地表水环境质量与其他领域指标的关联分析

地表水环境质量比较序列的灰色关联度及其排名详见表 12-3，各参考序列关联度统计详见图 12-7，平均值详见图 12-8。为了综合评判地表水环境质量与各类因素的关联度，采用平均值法对关联度指标进行评判。高关联度大类因素共有 3 项，按照平均关联度由大到小依次为人口、林业和农业；中关联度大类因素有 3 项，按照平均关联度由大到小依次为经济、气候和水资源；低关联度大类因素为能源消耗。

（1）高关联度因素分析

全省人口因素与水环境质量的平均灰色关联度为 0.872，在七大类因素中位列第一，呈现出极高的关联性。与环境空气质量相同，在七大类因素中，人口对水环境质量的影响是最大的。林业因素与水环境质量的平均灰色关联度为 0.853，在七大类因素中位列第二，呈现出极高的关联性。与环境空气质量相同，在七大类因素中，林业对水环境质量的影响也排在第二位。农业因素与水环境质量的平均灰色关联度为 0.834，在七大类因素中位列第三，呈现出极高的关联性。

（2）中关联度因素分析

经济因素与水环境质量的平均灰色关联度为 0.799，关联度中等。其中，第一产业、第三产业、人均地区生产总值、第二产业与水环境质量呈现高关联度，地方财政环境保护支出呈现低关联度。气候因素与水环境质量的平均灰色关联度为 0.778，关联度中等。在气候因素中，年日照时数关联度要大于平均气温和降水量，与环境空气质量相似。水资源因素与水环境质量的平均灰色关联度为 0.748，关联度中等。水资源因素中各因素与水环境质量的平均灰色关联度由大到小依次为地表水供水总量、人均用水量、农业用水总量、地下水供水总量、地表水资源量和生态用水总量。其中，地表水供水总量、人均用水量、农业用水总量和地下水供水总量与地表水环境质量呈现高关联度，地表水资源量和生态用水总量呈现低关联度。

表 12-3　地表水环境质量比较序列的灰色关联度及其排名

关联因素类型（大类）	关联因素类型（小类）	高锰酸盐指数	化学需氧量	氨氮	总磷	优良水质比例
气候	平均气温/℃	0.751 (17)	0.759 (16)	0.721 (17)	0.716 (17)	0.778 (17)
	年均降水量/mm	0.786 (15)	0.808 (11)	0.702 (18)	0.685 (19)	0.726 (19)
	年日照时数/h	0.891 (7)	0.908 (3)	0.794 (15)	0.778 (15)	0.870 (2)
人口	黑龙江省人口/万人	0.917 (2)	0.890 (5)	0.851 (10)	0.836 (9)	0.867 (4)
经济	人均地区生产总值/（元/人）	0.888 (8)	0.902 (4)	0.771 (16)	0.756 (16)	0.832 (8)
	第一产业	0.897 (6)	0.890 (6)	0.852 (9)	0.827 (11)	0.890 (1)
	第二产业	0.814 (14)	0.793 (15)	0.808 (14)	0.812 (12)	0.817 (13)
	第三产业	0.925 (1)	0.939 (1)	0.810 (13)	0.792 (14)	0.867 (3)
	地方财政环境保护支出/亿元	0.593 (21)	0.598 (21)	0.579 (20)	0.567 (20)	0.748 (18)
能源消耗	能源消费弹性系数	0.663 (19)	0.670 (19)	0.680 (19)	0.696 (18)	0.677 (20)
水资源	地表水资源量/亿 m³	0.603 (20)	0.612 (20)	0.546 (21)	0.540 (21)	0.627 (21)
	地表水供水总量/亿 m³	0.901 (4)	0.877 (8)	0.912 (1)	0.882 (1)	0.842 (7)
	地下水供水总量/亿 m³	0.774 (16)	0.757 (17)	0.875 (7)	0.853 (7)	0.811 (14)
	农业用水总量/亿 m³	0.828 (10)	0.809 (10)	0.893 (5)	0.874 (5)	0.829 (10)
	生态用水总量/亿 m³	0.489 (22)	0.485 (22)	0.502 (22)	0.528 (22)	0.496 (22)
	人均用水量/（m³/人）	0.846 (9)	0.825 (9)	0.900 (3)	0.881 (3)	0.829 (9)
林业	当年人工造林面积/10³ hm²	0.899 (5)	0.919 (2)	0.821 (11)	0.805 (13)	0.823 (11)
农业	农用氮肥施用折纯量/万 t	0.816 (12)	0.798 (13)	0.905 (2)	0.881 (2)	0.804 (16)
	农用磷肥施用折纯量/万 t	0.817 (11)	0.798 (12)	0.889 (6)	0.871 (6)	0.843 (6)
	农用钾肥施用折纯量/万 t	0.814 (13)	0.796 (14)	0.899 (4)	0.876 (4)	0.806 (15)
	农用复合肥施用折纯量/万 t	0.904 (3)	0.879 (7)	0.854 (8)	0.852 (8)	0.850 (5)
	农药使用量/万 t	0.731 (18)	0.716 (18)	0.813 (12)	0.830 (10)	0.818 (12)

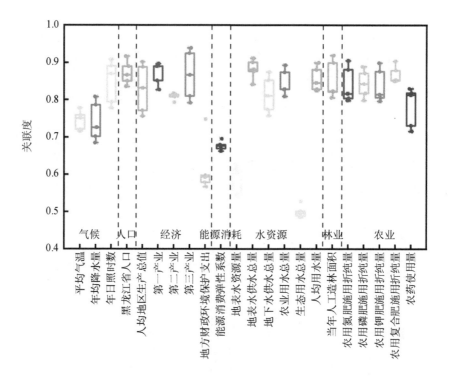

图 12-7　各参考序列与地表水环境质量的关联度统计

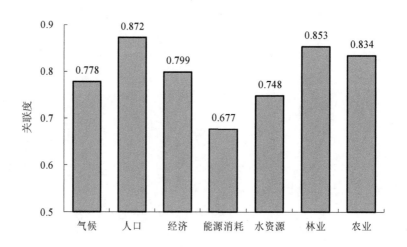

图 12-8　各因素参考序列与地表水环境质量的关联度平均值

（3）低关联度因素分析

能源消耗因素与水环境质量的平均灰色关联度为 0.677，关联度低。其中，能源消费弹性系数与高锰酸盐指数、化学需氧量、氨氮、总磷和优良水质比例关联度均为低关联。

12.3.3　土壤环境质量与其他领域指标的关联分析

土壤环境质量比较序列的灰色关联度及其排名详见表 12-4，平均值见图 12-9。为了综合评判土壤环境质量与各类因素的关联度，采用平均值法对关联度指标进行评判。高关联度大类因素共有 5 项，按照平均关联度由大到小依次为人口、农业、经济、气候和工业源污染物排放，中关联度大类因素有 2 项，按照平均关联度由大到小依次为林业和水资源，低关联度大类因素有 1 项，为能源消耗。

表 12-4　土壤环境质量比较序列的灰色关联度及其排名

关联因素类型（大类）	关联因素类型（小类）	pH	有机质	CEC
气候	平均气温/℃	0.805（22）	0.805（22）	0.805（22）
	年均降水量/mm	0.741（26）	0.741（26）	0.741（26）
	年日照时数/h	0.923（6）	0.923（6）	0.923（6）
人口	黑龙江省人口/万人	0.987（1）	0.987（1）	0.987（1）
经济	人均地区生产总值/（元/人）	0.876（15）	0.876（15）	0.876（15）
	第一产业	0.964（4）	0.964（4）	0.964（4）
	第二产业	0.881（13）	0.881（13）	0.881（13）
	第三产业	0.919（7）	0.919（7）	0.919（7）
	地方财政环境保护支出/亿元	0.631（30）	0.631（30）	0.631（30）
	农业总产值/亿元	0.910（9）	0.910（9）	0.910（9）
能源消耗	能源消费弹性系数	0.683（28）	0.683（28）	0.683（28）
水资源	水资源总量/亿 m³	0.633（29）	0.633（29）	0.633（29）
	地表水资源量/亿 m³	0.616（31）	0.616（31）	0.616（31）
	地表水供水总量/亿 m³	0.919（8）	0.919（8）	0.919（8）
	地下水供水总量/亿 m³	0.835（21）	0.835（21）	0.835（21）
	农业用水总量/亿 m³	0.879（14）	0.879（14）	0.879（14）
	生态用水总量/亿 m³	0.486（32）	0.486（32）	0.486（32）
	人均用水量/（m³/人）	0.891（10）	0.891（10）	0.891（10）
工业源污染物排放	工业废水排放量/万 t	0.848（19）	0.848（19）	0.848（19）
	工业废气排放量/亿 m³	0.771（25）	0.771（25）	0.771（25）
	工业固体废物产生量/万 t	0.791（23）	0.791（23）	0.791（23）
林业	当年人工造林面积/10³ hm²	0.843（20）	0.843（20）	0.843（20）
	封山育林/10³ hm²	0.705（27）	0.705（27）	0.705（27）
农业	有效灌溉面积/10³ hm²	0.959（5）	0.959（5）	0.959（5）
	粮食产量/万 t	0.981（2）	0.981（2）	0.981（2）
	农用塑料薄膜使用量/t	0.889（11）	0.889（11）	0.889（11）
	农用氮肥施用折纯量/万 t	0.857（18）	0.857（18）	0.857（18）
	农业机械总动力/万 kW	0.887（12）	0.887（12）	0.887（12）
	农用磷肥施用折纯量/万 t	0.869（16）	0.869（16）	0.869（16）
	农用钾肥施用折纯量/万 t	0.862（17）	0.862（17）	0.862（17）
	农用复合肥施用折纯量/万 t	0.965（3）	0.965（3）	0.965（3）
	农药使用量/万 t	0.786（24）	0.786（24）	0.786（24）

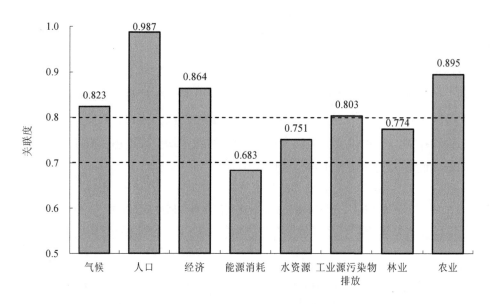

图 12-9　各因素参考序列与土壤环境质量的关联度平均值

（1）高关联度因素分析

全省人口因素与土壤环境质量的平均灰色关联度为 0.987，在八大类因素中位列第一，呈现出极高的关联性，与环境空气质量和水环境质量相同。农业因素与土壤环境质量的平均灰色关联度为 0.895，在八大类因素中位列第二，呈现出极高的关联性。其中，粮食产量、农用复合肥施用折纯量、有效灌溉面积、农用塑料薄膜使用量、农业机械总动力、农用磷肥施用折纯量、农用钾肥施用折纯量、农用氮肥施用折纯量均呈现高关联度，但农药使用量呈现低关联度。经济因素与土壤环境质量的平均灰色关联度为 0.864，呈现出极高的关联性。其中，第一产业、第三产业、农业总产值、第二产业、人均地区生产总值均呈现高关联度，但地方财政环境保护支出为低关联度。气候因素与土壤环境质量的平均灰色关联度为 0.823，呈现高关联度。在气候因素中，年日照时数关联度要大于平均气温和降水量，与环境空气质量和水环境空气质量相同。工业源污染物排放与土壤环境质量的平均灰色关联度为 0.803，呈现高关联度。在工业源污染排放中，工业废水排放量关联度要大于工业废气排放量和工业固体废物产生量。

（2）中关联度因素分析

林业因素与土壤环境质量的平均灰色关联度为 0.774，关联度中等。在林业因素中，当年人工造林面积与土壤环境质量关联度要大于封山育林。水资源因素与土壤环境质量的平均灰色关联度为 0.751，关联度中等。在水资源因素中，地表水供水总量、地下水供水总量、农业用水总量与土壤环境质量关系为高关联，而水资源总量、地表水资源量和生态用水总量与土壤环境质量关系为低关联。

（3）低关联度因素分析

能源消耗因素与土壤环境质量的平均灰色关联度为 0.683，关联度低。其中，能源消费弹性系数与 pH、有机质、CEC 关联度均为低关联。

12.3.4 声环境质量与其他领域指标的关联分析

道路交通声环境质量比较序列的灰色关联度及其排名详见表 12-5。在人口因素中，城镇人口和乡村人口与全省道路交通声环境质量均为高关联关系，但城镇人口与声环境质量的关联度要高于乡村人口。经济因素中，第一产业和道路交通声环境质量为高关联关系，第三产业为中关联关系，第二产业和人均地区生产总值为低关联关系。污染排放和交通因素与道路交通声环境质量均为低关联关系。城镇人口、第一产业是影响道路交通声环境质量的首要因素。

表 12-5 道路交通声环境质量比较序列的灰色关联度及其排名

关联因素类型（大类）	关联因素类型（小类）	关联度	排名
交通	民用汽车拥有量/万辆	0.497	8
污染排放	机动车氮氧化物/t	0.689	5
人口	城镇人口/万人	0.918	1
	乡村人口/万人	0.855	3
经济	人均地区生产总值/（元/人）	0.614	7
	第一产业	0.887	2
	第二产业	0.679	6
	第三产业	0.757	4

12.3.5 生态质量与其他领域指标的关联分析

生态质量比较序列的灰色关联度及其排名详见表 12-6。气候因素中，年日照时数关联度要高于平均气温和年均降水量。人口因素与生态质量之间为高关联关系。经济因素中，除地方财政环境保护支出为低关联关系外，其他因素均与生态质量呈现高关联关系。林业因素中，森林面积、森林覆盖率、人工林面积和当年人工造林面积与生态质量均呈现高关联关系。能源因素与生态质量呈现低关联关系。工业源污染排放中，除工业废水排放量为高关联外，其他因素为中关联。水资源因素中，地表水供水总量、人均用水量、地下水供水总量和农业用水总量为高关联，水资源总量、地表水资源量和生态用水总量为低关联。农业因素中，除农药使用量为中关联外，其他因素均为高关联。

表 12-6　生态质量比较序列的灰色关联度排名

关联因素类型（大类）	关联因素类型（小类）	关联度	排名
气候	平均气温/℃	0.806	23
	年均降水量/mm	0.743	27
	年日照时数/h	0.927	8
人口	黑龙江省人口/万人	0.983	4
经济	人均地区生产总值/（元/人）	0.880	14
	第一产业	0.960	6
	第二产业	0.878	15
	第三产业	0.923	9
	地方财政环境保护支出/亿元	0.632	30
	农业总产值/亿元	0.909	11
林业	森林面积/万 hm^2	0.993	3
	森林覆盖率/%	0.993	2
	人工林面积/万 hm^2	0.993	1
	当年人工造林面积/$10^3\ hm^2$	0.847	21
能源消耗	能源消费弹性系数	0.683	28
工业源污染物排放	工业废水排放量/万 t	0.850	20
	工业废气排放量/亿 m^3	0.776	26
	工业固体废物产生量/万 t	0.795	24
水资源	水资源总量/亿 m^3	0.636	29
	地表水资源量/亿 m^3	0.619	31
	地表水供水总量/亿 m^3	0.914	10
	地下水供水总量/亿 m^3	0.833	22
	农业用水总量/亿 m^3	0.874	16
	生态用水总量/亿 m^3	0.487	32
	人均用水量/（m^3/人）	0.887	12
农业	有效灌溉面积/$10^3\ hm^2$	0.964	5
	农药使用量/万 t	0.785	25
	农用塑料薄膜使用量/t	0.887	13
	农用氮肥施用折纯量/万 t	0.853	19
	农用磷肥施用折纯量/万 t	0.864	17
	农用钾肥施用折纯量/万 t	0.858	18
	农用复合肥施用折纯量/万 t	0.959	7

第十三章　黑龙江省"十四五"时期生态环境质量预测

生态环境质量预测主要包括对各个生态环境质量要素如环境空气质量、水环境质量、土壤环境质量、污染源排放、声环境质量或辐射环境质量等的时间、空间变化规律及其管理或污染防控等方面的内容的预测。因此，对生态环境进行预测需要针对具体的监测要素和监测方法采用适宜的方法。

13.1　基于随机森林算法的"十四五"时期环境空气和水环境质量预测

13.1.1　"十四五"时期环境空气质量预测

采用 2016—2020 年黑龙江省环境空气主要污染物年均浓度监测值与基于随机森林算法所得 2016—2020 年环境空气污染物预测值进行对比，详见图 13-1。结果表明，随机森林算法得到的 2016—2020 年环境空气主要污染物预测值与 2016—2020 年环境空气主要污染物的监测值变化趋势基本一致。

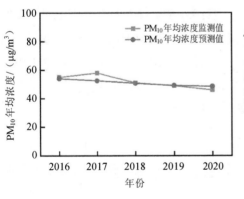
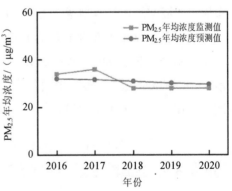

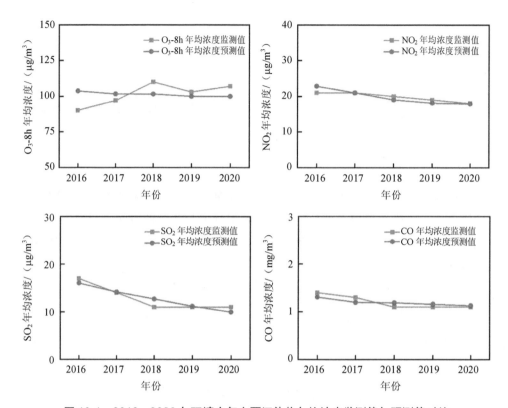

图 13-1 2016—2020 年环境空气主要污染物年均浓度监测值与预测值对比

采用平均标准偏差（Normalized Mean Error，NME）作为预测结果的统计指标，对随机森林算法的预测效果进行评价。NME 验证的计算方法如下：

$$NME = \frac{|obs - model|}{obs}$$

参照《环境空气质量模型遴选工作指南（试行）》，利用 NME 计算方法对环境空气主要污染物的预测值和监测值进行吻合程度评估，各指标模拟准确性的评价标准为 NME PM$_{2.5}$＜150%，NME O$_3$-8h＜35%，NME NO$_2$＜80%，NME SO$_2$＜80%。表 13-1 中检验结果显示，6 项环境空气主要污染物预测结果 NME 均小于 20%，说明环境空气主要污染物的预测值均在可接受范围内，符合标准，预测结果合理。

表 13-1 环境空气主要污染物年平均预测值的 NME 检验结果 单位：%

年份	NME PM$_{10}$	NME PM$_{2.5}$	NME O$_3$-8h	NME NO$_2$	NME SO$_2$	NME CO
2016	4.137	8.597	16.213	2.564	13.318	6.971
2017	12.322	4.218	4.435	9.371	0.761	7.837
2018	9.675	4.732	7.913	0.799	17.058	8.832
2019	6.293	2.12	2.982	0.895	4.462	5.567
2020	5.611	2.376	6.615	6.094	0.038	3.853

基于随机森林的预测结果，输出 2021—2025 年黑龙江省环境空气主要污染物年平均浓度，得到了 2021—2025 年环境空气主要污染物年平均浓度的波动范围，详见表 13-2。

表 13-2　2021—2025 年环境空气主要污染物预测年平均值的波动范围

年份	PM_{10} 年平均值/（μg/m³）	$PM_{2.5}$ 年平均值/（μg/m³）	O_3-8h 年平均值/（μg/m³）	SO_2 年平均值/（μg/m³）	NO_2 年平均值/（μg/m³）	CO 年平均值/（mg/m³）
2021	42.906～45.562	26.624～28.269	101.494～107.775	10.631～11.291	18.286～19.429	1.166～1.245
2022	41.893～44.490	26.820～27.423	99.813～104.188	10.042～10.665	17.674～18.777	1.1390～1.316
2023	41.155～43.697	25.435～27.015	99.071～105.197	9.721～10.325	17.489～18.564	1.060～1.129
2024	40.507～43.004	25.159～26.713	96.484～102.443	9.290～9.877	17.345～18.421	1.034～1.090
2025	39.005～42.436	24.996～26.533	96.372～102.334	8.896～9.54	17.160～18.229	1.012～1.075

2016—2025 年环境空气主要污染物年平均值变化趋势详见图 13-2。其中，2016—2020 年为监测值，2021—2025 年为预测值。从预测结果可以看出，环境空气主要污染物在 2021—2025 年均处于下降趋势。

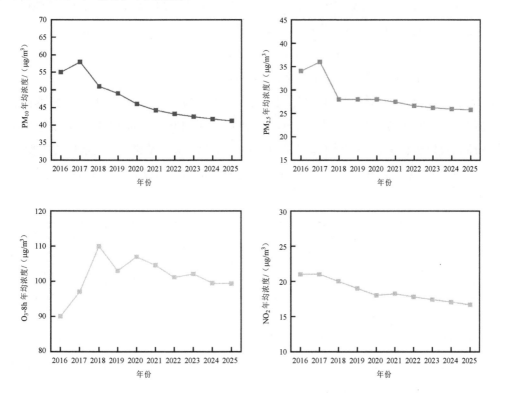

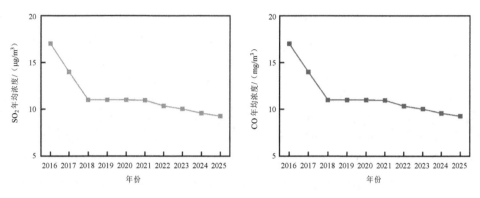

注：2016—2020 年为监测值，2021—2025 年为预测值。

图 13-2 2016—2025 年环境空气主要污染物年平均值变化趋势

13.1.2 "十四五"水环境质量预测

采用 2016—2020 年全省水环境主要污染物年平均值与基于随机森林算法所得的 2016—2020 年水环境主要污染物年平均预测值进行对比，详见图 13-3。结果表明，基于随机森林算法得到的 2016—2020 年水环境主要污染物年均预测值与 2016—2020 年水环境主要污染物的年均监测值变化趋势基本一致。相关资料显示，在 2018 年实施城镇供水水质提升等相关政策之后水质逐年提高，因此，2018 年各项指标的年平均监测值均有略微升高，但 2018 年之后浓度逐年下降，水质逐年向好。

为了验证随机森林算法的预测结果，采用 NME 检验对 2016—2020 年水环境主要污染物年平均预测值进行验证。使用年平均监测值与预测值之间的 NME 作为统计指标，对模型预测效果进行评价，结果汇总于表 13-3 中。NME 检验结果显示，水环境主要污染物预测结果的 NME 均小于 30%，说明预测值与监测值吻合程度较高，预测结果合理。

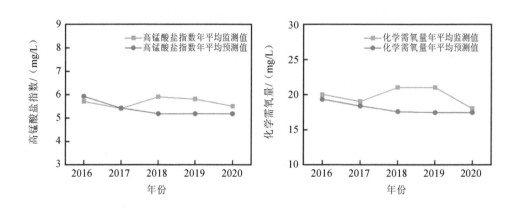

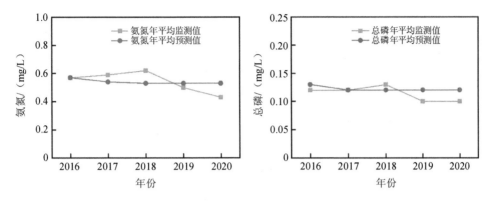

图 13-3　2016—2020 年水环境主要污染物年平均预测值与监测值对比

表 13-3　水环境主要污染物年平均预测值的 NME 检验结果　　　　单位：%

年份	NME 高锰酸盐指数	NME 氨氮	NME 化学需氧量	NME 总磷
2016	3.953	0.241	3.278	4.832
2017	0.363	8.419	3.190	3.554
2018	12.27	13.832	16.339	4.413
2019	10.768	6.078	16.641	24.263
2020	5.896	23.346	3.087	24.265

　　水环境主要污染物预测年平均值及 2016—2025 年主要污染物年平均值变化趋势详见图 13-4。

　　"十四五"期间的水质指标预测结果显示，污染物浓度呈现明显下降趋势，未来 5 年全省水环境质量状况逐年向好。2021—2025 年省内地表水水质中高锰酸盐指数达到了地表水Ⅲ类的要求；氨氮浓度值年均值趋于地表水Ⅱ类的要求；化学需氧量指标年均值趋于地表水Ⅲ类的要求，总磷指标趋于地表水Ⅱ类的要求。

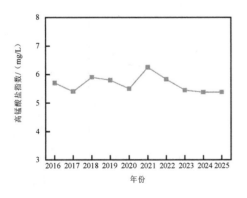
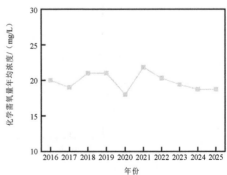

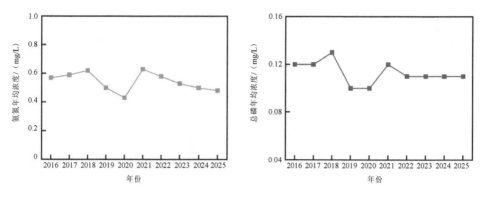

注：2016—2020年为监测值，2021—2025年为预测值。

图13-4　2016—2025年水环境主要污染物年平均值变化趋势

13.2　基于灰色系统理论的"十四五"时期道路交通声环境质量和污染排放预测

13.2.1　"十四五"时期道路交通声环境质量预测结果

基于灰色系统理论，采用全省各城市（地区）2016—2020年昼间道路交通噪声平均等效声级对"十四五"期间声环境质量进行预测。对省内2016—2020年道路交通噪声平均等效声级数据进行级比检验，级比值区间为$[e^{\frac{-2}{n+1}}, e^{\frac{2}{n+1}}]$，即[0.717，1.396]，级比值详见图13-5。

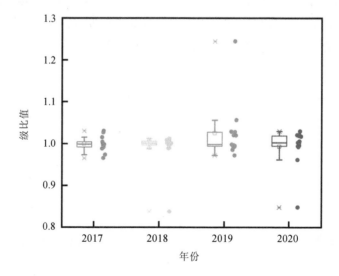

图13-5　2017—2020年全省各城市道路交通噪声平均等效声级数据的级比值

全省各城市道路交通噪声平均等效声级数据级比值全部在[0.717，1.396]区间内，满足级比检验，可以建立 GM（1，1）预测模型。

原始数据序列 $x^{(0)}(k)$，$k=1,2,\cdots,n$，其中，n 为数据的个数。得到一次累加生成序列 $x^{(1)}(k)=\sum_{i=1}^{k}x^{(0)}(i)$，$k=1,2,\cdots,n$，则预测的一次累加生成序列 $\hat{x}^{(1)}(k)$，$k=1,2,\cdots,n$。对省内各城市（地区）进行道路交通噪声平均等效声级预测时间响应序列，可得

$$x^{(1)}(k+1)=\left[x^{(0)}(1)-\frac{b}{a}\right]\times e^{-ak}+\frac{b}{a}$$

式中，a 为发展系数；b 为灰色作用量。省内各城市发展系数和灰色作用量计算结果汇总于表 13-4 中。

表 13-4　省内各城市（地区）道路交通噪声平均等效声级预测时间响应序列 GM（1，1）模型系数

行政区划	发展系数 a	灰色作用量 b	行政区划	发展系数 a	灰色作用量 b
哈尔滨市	0.017	76.253	佳木斯市	0	67.300
齐齐哈尔市	−0.003	68.091	七台河市	0.015	66.526
鸡西市	0.011	67.391	牡丹江市	0.003	68.389
鹤岗市	−0.002	67.585	黑河市	0.009	64.197
双鸭山市	0.001	68.834	绥化市	−0.002	63.544
大庆市	−0.009	65.044	大兴安岭地区	−0.014	56.778
伊春市	0.019	68.032			

采用后验差检验法对省内各城市（地区）道路交通噪声平均等效声级预测时间响应序列 GM（1，1）模型进行检验，结果详见图 13-6。

C 值代表预测模型的精度等级，一般来说，1 级（C 值≤0.35）代表预测模型精度高；2 级（0.35＜C 值≤0.5）代表模型精度较高；3 级（0.5＜C 值≤0.65）代表模型精度为中等水平，即模型可用；4 级（C 值＞0.65）代表模型精度低，模型不可用于预测。

因此，GM（1，1）预测模型对七台河市、伊春市、鸡西市、哈尔滨市和大庆市道路交通噪声平均等效声级模拟精度高，对牡丹江市和鹤岗市模拟精度较高，对齐齐哈尔市道路交通噪声平均等效声级模拟精度为中等，对黑河市、绥化市、大兴安岭地区、佳木斯市和双鸭山市道路交通噪声平均等效声级模拟精度低，不可用于预测。

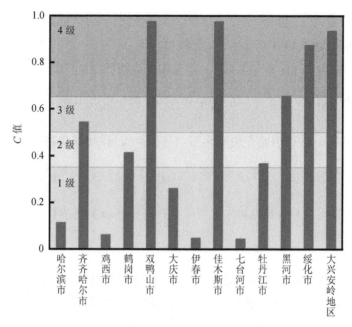

图 13-6 全省各城市道路交通噪声平均等效声级预测的后验差检验结果

综合表 13-4 和图 13-6 的分析结果,可得省内各城市(地区)道路交通噪声平均等效声级时间响应序列 GM(1,1)预测模型如下

哈尔滨市:

$$x^{(1)}(k+1) = \left[x^{(0)}(1) - \frac{b}{a} \right] \times e^{-ak} + \frac{b}{a}$$

$$= (73.2 - 4\,404.287) \times e^{-0.017k} + 4\,404.287$$

$$k = 0, 1, \cdots, n-1$$

齐齐哈尔市:

$$x^{(1)}(k+1) = \left[x^{(0)}(1) - \frac{b}{a} \right] \times e^{-ak} + \frac{b}{a}$$

$$= (68.5 + 21\,266.264) \times e^{-0.003k} - 21\,266.264$$

$$k = 0, 1, \cdots, n-1$$

鸡西市:

$$x^{(1)}(k+1) = \left[x^{(0)}(1) - \frac{b}{a} \right] \times e^{-ak} + \frac{b}{a}$$

$$= (66.3 - 6\,007.703) \times e^{-0.011k} + 6\,007.703$$

$$k = 0, 1, \cdots, n-1$$

鹤岗市：

$$x^{(1)}(k+1)=\left[x^{(0)}(1)-\frac{b}{a}\right]\times e^{-ak}+\frac{b}{a}$$

$$=(67.9-35\,287.154)\times e^{-0.002k}-35\,287.154$$

$$k=0,\ 1,\ \cdots,\ n-1$$

大庆市：

$$x^{(1)}(k+1)=\left[x^{(0)}(1)-\frac{b}{a}\right]\times e^{-ak}+\frac{b}{a}$$

$$=(67.9+7\,137.498)\times e^{0.009\,1k}-7\,137.498$$

$$k=0,\ 1,\ \cdots,\ n-1$$

七台河市：

$$x^{(1)}(k+1)=\left[x^{(0)}(1)-\frac{b}{a}\right]\times e^{-ak}+\frac{b}{a}$$

$$=(65.7-4\,375.498)\times e^{-0.015k}+4\,375.498$$

$$k=0,\ 1,\ \cdots,\ n-1$$

牡丹江市：

$$x^{(1)}(k+1)=\left[x^{(0)}(1)-\frac{b}{a}\right]\times e^{-ak}+\frac{b}{a}$$

$$=(65.7-23\,376.091)\times e^{-0.003k}+23\,376.091$$

$$k=0,\ 1,\ \cdots,\ n-1$$

　　根据预测模型计算出各城市预测结果的残差和相对误差。其中，哈尔滨市的平均相对误差为 0.568%，齐齐哈尔市为 0.379%，鸡西市为 0.314%，鹤岗市为 0.184%，大庆市为 0.641%，伊春市为 0.392%，七台河市为 0.442%，牡丹江市为 1.033%，以上结果表明，预测模型得到的数据与实际监测值吻合程度较高，模型比较准确。详见表 13-5。综上所述，灰色系统理论 GM（1，1）模型可以对省内大部分城市的道路交通声环境质量趋势进行预测。全省"十四五"期间道路交通声环境质量趋势预测及噪声强度等级评价详见图 13-7。

表 13-5　省内各城市道路交通声环境质量预测的残差和相对误差

行政区划	年份	残差	相对误差/%	行政区划	年份	残差	相对误差/%
	2016	0	0		2016	0	0
	2017	−0.541	−0.733		2017	0.136	0.207
哈尔滨市	2018	0.835	1.130	大庆市	2018	−0.567	−0.859
	2019	−0.011	−0.015		2019	0.723	1.066
	2020	−0.278	−0.395		2020	−0.291	−0.432

行政区划	年份	残差	相对误差/%	行政区划	年份	残差	相对误差/%
齐齐哈尔市	2016	0	0	伊春市	2016	0	0
	2017	0.179	0.262		2017	−0.304	−0.462
	2018	−0.439	−0.644		2018	0.514	0.785
	2019	0.34	0.492		2019	−0.088	−0.139
	2020	−0.08	−0.117		2020	−0.114	−0.183
鸡西市	2016	0	0	七台河市	2016	0	0
	2017	0.025	0.038		2017	−0.331	−0.512
	2018	0.164	0.250		2018	0.45	0.698
	2019	−0.405	−0.628		2019	0.116	0.185
	2020	0.218	0.339		2020	−0.231	−0.374
鹤岗市	2016	0	0	牡丹江市	2016	0	0
	2017	0.12	0.177		2017	−0.597	−0.886
	2018	−0.109	−0.162		2018	0.401	0.587
	2019	−0.139	−0.206		2019	0.999	1.455
	2020	0.129	0.19		2020	−0.802	−1.203

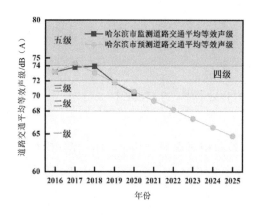

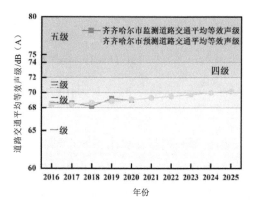

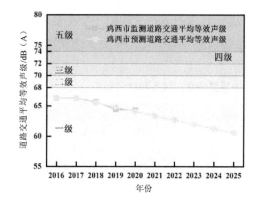

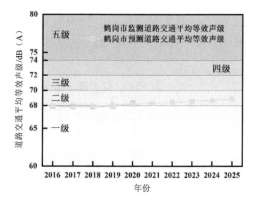

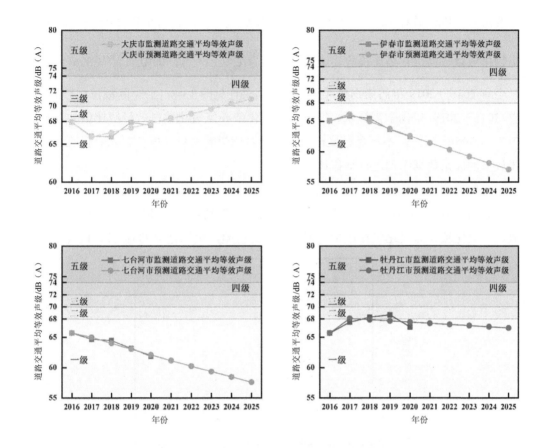

图 13-7 省内各城市道路交通声环境质量预测结果

由图 13-7 可知，GM（1，1）模型对 2016—2020 年省内各城市监测道路交通平均等效声级模拟效果较好，可以用于预测 2021—2025 年省内各城市道路交通平均等效声级。其中，哈尔滨市道路噪声平均等效声级于 2017 年上升至五级，2020 年逐渐下降至三级，哈尔滨市"十四五"时期道路交通等效声级逐年下降，道路交通声环境呈逐年向好的趋势，在 2023 年即将达到一级。鸡西市、伊春市、七台河市和牡丹江市 2021—2025 年道路交通噪声平均等效声级均逐年下降，道路交通噪声评级在"十四五"时期均为一级。但 2021—2025 年齐齐哈尔市和大庆市道路交通噪声等效声级均逐年上升，其中齐齐哈尔市和大庆市将由 2021 年的二级道路交通声环境恶化为 2025 年的三级。鹤岗市 2021—2025 年道路交通平均等效声级将逐年上升，但道路交通声环境质量均为二级，道路交通声环境质量评级保持不变。

13.2.2 "十四五"时期污染排放预测结果

黑龙江省"十四五"时期污染排放预测仍基于灰色系统理论进行。采用全省 2015—2019

年主要污染物排放量对 2020—2024 年的污染排放进行预测。对全省 2015—2019 年主要污染物排放量数据进行级比检验，级比值区间为 $[e^{\frac{-2}{n+1}}, e^{\frac{2}{n+1}}]$，即[0.717，1.396]。

全省 2016—2019 年污染物排放级比检验结果详见图 13-8（a）。除颗粒物排放量外，全省 2016—2019 年化学需氧量、氨氮、二氧化硫和氮氧化物排放量级比值并未全部在 [0.717，1.396]区间内，不满足级比检验，需要对化学需氧量、氨氮、二氧化硫和氮氧化物排放量的原始数据序列进行平移计算。

经过数据列平移计算后，化学需氧量、氨氮、二氧化硫和氮氧化物排放量级比值均在[0.717，1.396]区间内，详见图 13-8（b），说明颗粒物排放量和平移后的化学需氧量、氨氮、二氧化硫、氮氧化物排放量数据满足级比检验，可以建立 GM（1，1）模型。

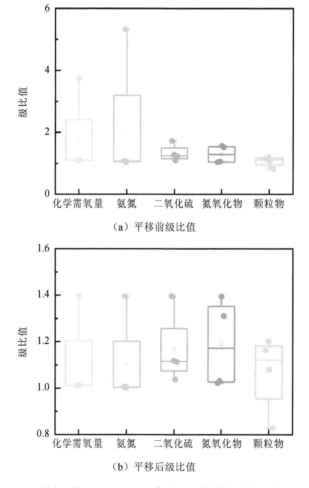

（a）平移前级比值

（b）平移后级比值

图 13-8　黑龙江省 2016—2019 年主要污染物排放级比检验结果

同道路交通噪声平均等效声级预测，污染排放原始数据序列 $x^{(0)}(k)$，$k=1,2,\cdots,n$，

其中 n 为数据的个数。得到一次累加生成序列 $x^{(1)}(k)=\sum_{i=1}^{k}x^{(0)}(i)$，$k=1,2,\cdots,n$，则预测的

一次累加生成序列 $\hat{x}^{(1)}(k)$，$k=1,2,\cdots,n$。对全省污染排放进行预测时间响应序列，可得

$$x^{(1)}(k+1)=\left[x^{(0)}(1)-\frac{b}{a}\right]\times e^{-ak}+\frac{b}{a}$$

式中，a 为发展系数；b 为灰色作用量。全省污染排放时间序列发展系数、灰色作用量、后验差检验结果与模型精度评级汇总详见表 13-6。后验差检验结果表明，化学需氧量、氨氮、二氧化硫、氮氧化物和颗粒物排放量的后验差比值均小于 0.35，说明 GM（1，1）预测模型对化学需氧量、氨氮、二氧化硫、氮氧化物和颗粒物排放量数据吻合程度较高，模型精度高，可用于预测污染排放变化趋势。

表 13-6　污染排放时间响应序列 GM（1，1）预测模型系数

污染物	发展系数 a	灰色作用量 b	后验差比 C 值	后验差比值评级	模型精度
化学需氧量	0.012	172 358.984	0	1 级	高
氨氮	0.005	12 630.438	0	1 级	高
二氧化硫	0.090	347 225.734	0.004	1 级	高
氮氧化物	0.112	370 244.860	0.038	1 级	高
颗粒物	0.133	540 106.710	0.032	1 级	高

根据模型系数，建立全省污染排放 GM（1，1）预测模型如下。

化学需氧量排放量：

$$x^{(1)}(k+1)=\left[x^{(0)}(1)-\frac{b}{a}\right]\times e^{-ak}+\frac{b}{a}$$
$$=(235\,350.316-14\,511\,484.282)\times e^{-0.012k}+14\,511\,484.282$$
$$k=0,1,\cdots,n-1$$

氨氮排放量：

$$x^{(1)}(k+1)=\left[x^{(0)}(1)-\frac{b}{a}\right]\times e^{-ak}+\frac{b}{a}$$
$$=(17\,448.161-2\,330\,223.584)\times e^{-0.005\,4k}+2\,330\,223.584$$
$$k=0,1,\cdots,n-1$$

二氧化硫排放量：

$$x^{(1)}(k+1) = \left[x^{(0)}(1) - \frac{b}{a} \right] \times e^{-ak} + \frac{b}{a}$$

$$= (417\,402.009 - 3\,846\,292.369) \times e^{-0.090\,3k} + 3\,846\,292.369$$

$$k = 0,\ 1,\ \cdots,\ n-1$$

氮氧化物排放量：

$$x^{(1)}(k+1) = \left[x^{(0)}(1) - \frac{b}{a} \right] \times e^{-ak} + \frac{b}{a}$$

$$= (373\,164.681 - 4\,063\,701.634) \times e^{-0.132\,9k} + 4\,063\,701.634$$

$$k = 0,\ 1,\ \cdots,\ n-1$$

颗粒物排放量：

$$x^{(1)}(k+1) = \left[x^{(0)}(1) - \frac{b}{a} \right] \times e^{-ak} + \frac{b}{a}$$

$$= (373\,164.681 - 4\,063\,701.634) \times e^{-0.132\,9k} + 4\,063\,701.634$$

$$k = 0,\ 1,\ \cdots,\ n-1$$

根据污染排放的预测模型，计算出主要污染物预测结果的残差和相对误差，详见表 13-7。经计算，化学需氧量排放量平均相对误差为 0.341%，氨氮排放量为 0.822%，二氧化硫排放量为 3.945%，氮氧化物排放量为 10.192%，颗粒物排放量为 2.645%，以上结果表明预测模型得到的数据与实际监测值吻合程度较高，模型比较准确。

表 13-7　污染排放预测的残差和相对误差

年份	化学需氧量		氨氮		二氧化硫		氮氧化物		颗粒物	
	残差	相对误差/%	残差	相对误差/%	残差	相对误差/%	残差	相对误差/%	残差	相对误差/%
2015	0	0	0	0	0	0	0	0	0	0
2016	88.665	0.363	4.051	0.354	3 190.112	1.96	17 696.993	7.926	-9 099.449	-2.021
2017	-113.896	-0.512	2.092	0.195	-1 577.834	-1.192	-26 229.896	-17.806	14 515.759	3.484
2018	-30.021	-0.147	-16.308	-1.651	-6 746.494	-6.493	-5 183.209	-3.71	5 924.806	1.655
2019	62.896	0.34	10.286	1.086	5 838.111	6.135	15 215.806	11.315	-10 195.465	-3.42

综上所述，GM（1，1）模型可以对黑龙江省污染排放变化趋势进行预测。全省"十四五"时期污染排放预测结果详见图 13-9，"十四五"时期全省各项污染物排放量均呈逐年下降的趋势。

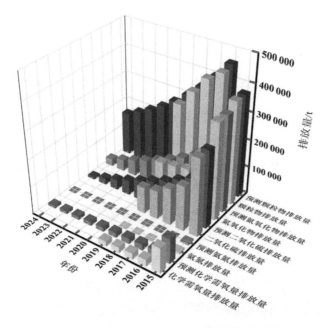

图 13-9　黑龙江省"十四五"时期污染排放趋势预测

13.3　"十四五"时期环境质量变化趋势分析

13.3.1　环境空气质量变化趋势分析

从未来 5 年环境空气主要污染物浓度的变化趋势来看，PM_{10}、$PM_{2.5}$、O_3、NO_2、SO_2 和 CO 年平均值都呈现出明显的下降趋势，其中 PM_{10} 年均值下降最明显，NO_2、SO_2 和 CO 年平均值下降相对较为平缓。

根据《环境空气质量标准》（GB 3095—2012）中关于 6 种污染物年平均值的评价指标可以发现，2021—2025 年 NO_2 和 SO_2 年均值将低于国家一级标准，PM_{10} 和 $PM_{2.5}$ 年平均值则介于国家二级标准和一级标准之间，仍为最主要的污染物。以上结果表明，"十四五"时期黑龙江省环境空气质量将处于稳中向好的趋势，这与省政府的空气污染治理举措以及人民群众低碳环保的生活方式密切相关。

综合来看，未来 5 年黑龙江省的 6 种主要环境空气污染物年均值均逐渐得到控制和削减，环境空气质量大为改善，但仍需注意 PM_{10} 和 $PM_{2.5}$ 对环境空气质量的影响，应进一步做好相关防治工作。煤炭消耗量、城市扬尘和工业颗粒物排放以及城市绿化等均与环境空气中的 PM_{10} 和 $PM_{2.5}$ 关联度较高，一方面，应减少煤炭在一次能源消耗中的占比，同时增加清洁能源的使用量；另一方面，应加强对工业颗粒物排放的控制，进一步削减废气污染排放。此外，在城市建设过程中，应加大对城市绿化的投入和管理，增强对污染物的吸附净化。

13.3.2 水环境质量变化趋势分析

从未来 5 年水环境主要污染物年平均值的变化趋势来看，高锰酸盐指数、化学需氧量、氨氮和总磷的年平均值都呈现出明显的下降趋势，其中化学需氧量年均值下降速度最为显著，高锰酸盐指数、氨氮和总磷年平均值下降相对较为平缓。根据《地表水环境质量标准》（GB 3838—2002）中关于 4 种主要污染物年平均值的评价指标可以发现，2021—2025 年高锰酸盐指数、化学需氧量和氨氮年平均值介于国家 Ⅱ 类标准和 Ⅲ 类标准之间，总磷年平均值达到国家 Ⅱ 类标准。

综合来看，"十四五"时期黑龙江省水环境质量将处于稳中向好的趋势，这与省政府的水污染治理举措密切相关。虽然"十四五"时期水环境质量将有所改善，但仍存在行业性及地区性污染排放特征明显的问题。黑龙江省是老工业基地，长期积累的体制性、结构性矛盾仍然没有从根本上得到破解，结构性污染问题仍然比较严重。造纸、煤炭加工和农产品加工等主导产业每年排放的化学需氧量和氨氮等污染物占流域工业排放量的比例较大，现代服务业等第三产业在国民经济中的比重较小，制约着流域水环境状况的改善，应减少水污染物排放，强化水污染防治措施。一方面，强化工业污染源总量控制指标管理，实行新建、改建、扩建项目污染物等量或减量置换，严格控制新增水污染物。另一方面，应提升改造落后的城镇污水处理设施，结合控制单元水质要求，强化脱氮除磷，实施提标改造，优化入河排污口选址布局。此外，应科学划定畜禽养殖禁养区，加强畜禽标准化规模养殖场（养殖小区）污染治理，实施雨污分流和废弃物资源化利用。

13.3.3 道路交通声环境质量变化趋势分析

从未来 5 年道路交通等效声级的变化趋势来看，哈尔滨市、鸡西市、双鸭山市、伊春市、佳木斯市、七台河市、牡丹江市和黑河市道路交通噪声平均等效声级逐渐降低，在"十四五"时期交通道路声环境质量将得到进一步改善。其中，哈尔滨市道路交通声环境质量改善速度最为明显，鸡西市、伊春市、七台河市和牡丹江市道路交通声环境质量改善速度较为平缓。而齐齐哈尔市、鹤岗市、大庆市、绥化市和大兴安岭地区道路交通平均等效声级略有升高，"十四五"时期声环境质量呈恶化趋势。其中大庆市道路交通平均等效声级恶化速度最快，齐齐哈尔市和鹤岗市恶化速度较为平缓，这些城市需要采取有效措施对道路交通噪声污染进行治理。

综合来看，虽然"十四五"时期黑龙江省道路交通声环境质量仍处于稳中向好的趋势，但仍有部分城市声环境质量略有恶化。道路交通噪声污染主要是因长距离交通出行而产生的机动车在高等级道路车速过快，而其噪声在城市规划层面未给予合理配置所致。首先，交通噪声具有很强的城市规划特征，应在控制措施的修正中引入城市规划理念。其次，应将交通噪声控制与城市发展及道路体系建立关联，以从宏观层面通过减少长距离出行及优化高等级道路来削减噪声冲突区，促使城市噪声合理分布。最后，应对局部区域通过完善既有规划交通技术加以控制，将相关规划交通技术用于噪声控制的局部区域，如交通影响评价、交通稳静化等，提出地面道路"复合型"声屏障的设计路径。

13.3.4　污染排放变化趋势分析

从 2020—2024 年污染排放变化趋势来看，化学需氧量、氨氮、二氧化硫、氮氧化物和颗粒物排放量都呈现出明显的下降趋势，其中二氧化硫排放量下降速度最为显著，化学需氧量、氨氮、氮氧化物和颗粒物排放量下降相对较为平缓。

综合来看，"十四五"时期黑龙江省污染排放将处于向好的趋势，这与省政府的减排治理举措密切相关，但仍应将污染排放作为环境质量控制工作的重要"抓手"。一方面，应增加水环境污染物减排潜力，在工业源减排方面应进行源头控制，防止新上高污染企业；在生活源减排方面应继续健全完善城镇污水处理厂的建设，形成较为完善的污水处理体系；在农业源减排方面应全面限期完成畜禽养殖行业治理工程建设，推进集约化养殖，上大压小，建立集中养殖点。另一方面，应对大气污染物进行总量控制，严格控制煤烟型污染，对新的主要污染来源进行重点治理，如各类扬尘污染、机动车污染和挥发性有机物污染及其共同作用形成的二次污染（PM_{10} 和 $PM_{2.5}$）。此外，应认真做好污染源分析工作，针对各城市具体情况做认真调研，分区域确定主要污染源、主要污染因子。引入环境保护税收机制，引导企业削减污染物排放量。

第五篇

区域性环境研究

第十四章 中俄联合监测专项工作

按照《中俄跨界水体水质联合监测实施方案》，中国与俄罗斯原计划于每年在中俄跨界水体额尔古纳河、黑龙江、乌苏里江、绥芬河和兴凯湖进行 4 次水质联合监测。俄方因技术原因，仅在 2016—2017 年参与监测 2 次，2018—2020 年未参与监测，为保证中俄联合监测数据的延续性和可靠性，在俄方未参加的情况下，黑龙江省仍然按照既定计划单方面开展中俄界河监测工作。

14.1 中俄界河联合监测情况

中俄跨界水体水质联合监测包括 9 个断面：黑龙江的黑河下、名山、同江东港 3 个断面；乌苏里江的乌苏镇 1 个断面；兴凯湖的龙王庙 1 个断面；绥芬河的三岔口 1 个断面；额尔古纳河的噶洛托、室韦和黑山头 3 个断面。黑龙江省共承担 6 个断面（黑龙江的黑河下、名山、同江东港 3 个断面；乌苏里江的乌苏镇 1 个断面；兴凯湖的龙王庙 1 个断面；绥芬河的三岔口 1 个断面）的监测任务。监测项目为水温、pH、溶解氧、高锰酸盐指数、化学需氧量、氨氮等 40 个项目。

14.2 中俄跨界水体水质评价

14.2.1 黑龙江水质跨界联合监测评价结果

2016—2020 年在黑龙江的黑河下、名山、同江东港 3 个断面进行了 19 次监测，根据中方的评价结果，3 个断面的水质基本在Ⅲ～劣Ⅴ类间波动变化，详见表 14-1。

2016—2020 年，黑龙江主要污染指标为高锰酸盐指数和化学需氧量。考察其年均值的变化情况，黑龙江上游水质逐渐改善，中下游保持相对稳定，高锰酸盐指数、化学需氧量自 2016 年呈下降趋势，详见图 14-1。

表 14-1 2016—2020 年黑龙江水质跨界联合监测中方评价结果

断面 \ 年份	2016	2017	2018	2019	2020
黑河下	劣Ⅴ类	Ⅳ类	Ⅳ类	Ⅲ类	Ⅲ类
名山	Ⅴ类	Ⅳ类	Ⅳ类	Ⅴ类	Ⅳ类
同江东港	Ⅴ类	Ⅳ类	Ⅳ类	Ⅳ类	Ⅳ类

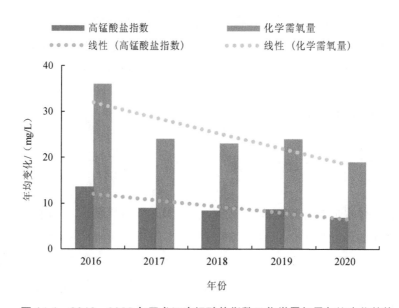

图 14-1 2016—2020 年黑龙江高锰酸盐指数及化学需氧量年均变化趋势

14.2.2 乌苏里江水质跨界联合监测评价结果

2016—2020 年在乌苏里江的乌苏镇 1 个断面进行了 16 次监测,根据中方的评价结果,断面水质基本在Ⅲ~Ⅳ类间波动变化,详见表 14-2。

表 14-2 2016—2020 年乌苏里江水质跨界联合监测中方评价结果

断面 \ 年份	2016	2017	2018	2019	2020
乌苏镇	Ⅳ类	Ⅲ类	Ⅲ类	Ⅲ类	Ⅲ类

2016—2020 年,乌苏里江主要污染指标为高锰酸盐指数。考察其年均值的变化情况,可以发现乌苏里江水质总体保持稳定,高锰酸盐指数自 2016 年呈下降趋势,详见图 14-2。

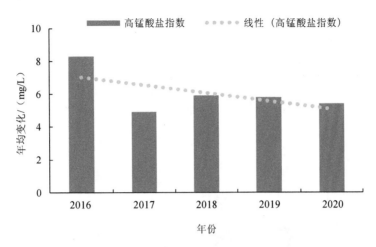

图 14-2　2016—2020 年乌苏里江高锰酸盐指数年均变化趋势

14.2.3　兴凯湖水质跨界联合监测评价结果

兴凯湖龙王庙点位为兴凯湖与松阿察河交汇处，是兴凯湖的出水口，代表了兴凯湖的水质情况。2016—2020 年在兴凯湖龙王庙 1 个断面进行了 12 次监测，根据中方的评价结果，断面水质基本在 Ⅱ～Ⅲ 类间波动变化，详见表 14-3。

表 14-3　2016—2020 年兴凯湖水质跨界联合监测中方评价结果

年份 断面	2016	2017	2018	2019	2020
龙王庙	Ⅲ类	Ⅲ类	Ⅱ类	Ⅱ类	Ⅱ类

2016—2020 年，兴凯湖水质总体保持稳定，高锰酸盐指数、化学需氧量呈下降趋势。

14.2.4　绥芬河水质跨界联合监测评价结果

2016—2020 年在绥芬河三岔口 1 个断面进行了 14 次监测，根据中方的评价结果，断面水质基本在Ⅲ～Ⅳ类间波动变化，详见表 14-4。

表 14-4　2016—2020 年绥芬河水质跨界联合监测中方评价结果

年份 断面	2016	2017	2018	2019	2020
三岔口	Ⅳ类	Ⅳ类	Ⅲ类	Ⅳ类	Ⅲ类

2016—2020 年，绥芬河主要污染指标为高锰酸盐指数和化学需氧量。考察其年均值的变化情况，可以发现绥芬河水质在总体保持稳定的情况下，高锰酸盐指数、化学需氧量自 2016 年呈下降趋势，详见图 14-3。

图 14-3　2016—2020 年绥芬河高锰酸盐指数及化学需氧量年均变化趋势

14.2.5　中俄跨界水体总体水质状况

2016—2020 年黑龙江水质在轻度污染至中度污染之间波动变化，2016 年为中度污染，2017—2020 年均为轻度污染；乌苏里江水质在轻度污染至良好之间波动变化，2016 年为轻度污染，2017—2020 年均为良好；2016—2020 年，兴凯湖水质在良好至优之间波动变化；2016—2020 年，绥芬河水质在轻度污染至良好之间波动变化。2016—2020 年各水体水质状况详见表 14-5。

表 14-5　2016—2020 年中俄跨界水体水质中方评价结果

断面 年份	额尔古纳河	黑龙江	乌苏里江	兴凯湖	绥芬河	总体评价
2016	轻度污染	中度污染	轻度污染	良好	轻度污染	轻度污染
2017	轻度污染	轻度污染	良好	良好	轻度污染	轻度污染
2018	轻度污染	轻度污染	良好	优	良好	轻度污染
2019	轻度污染	轻度污染	良好	优	轻度污染	轻度污染
2020	轻度污染	轻度污染	良好	优	良好	轻度污染

第十五章 松花江流域生态专项监测

按照国家"三水统筹、科学评价、流域评价、区域落实"的工作思路，以改善水生态环境、科学评价水生态环境状况为目标，以物理栖息地环境、水生生物群落构成及分布状况、水质理化评价结果为基础，对黑龙江省重要水体水生态环境质量状况进行了较为全面的监测与评价，为全省水生态环境质量治理提供了技术支撑。

15.1 监测概况

"十三五"期间，黑龙江省生态环境监测中心组织流域内 9 家监测单位对流域内 11 条河流 30 个断面 41 个点位和 5 个湖库 10 个点位开展了水生态质量监测，并进行了水生态质量综合评价，监测项目详见表 15-1，具体监测断面详见图 15-1。

表 15-1 黑龙江省水生态监测项目

监测类别	监测项目	监测水体
生物群落	着生藻类	河流
	底栖动物	河流、湖泊、水库
	浮游植物	湖泊、水库

15.2 水生态质量状况

15.2.1 藻类植物

（1）藻类植物现状及"十三五"期间变化趋势

2020 年共采集样品 161 个，鉴定出藻类植物 162 个分类单位，隶属于 6 门 9 纲 19 目 35 科 71 属 162 种（变种）。硅藻门植物为主要的生物类群，占总数的 47.6%，其次为绿藻门植物，占总数的 28.4%，蓝藻门占 15.5%，裸藻门占 3.7%，其他占 4.8%，详见图 15-2。

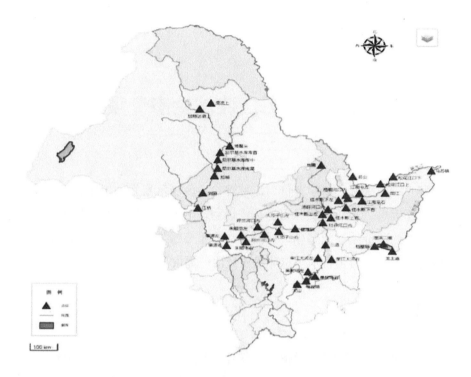

图 15-1   生物群落监测点位设置

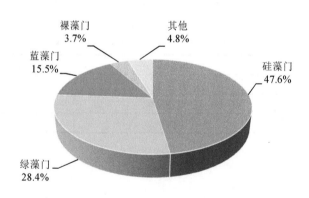

图 15-2   2020 年松花江流域藻类植物群落结构

应用香农-维纳（Shannon-Wienner）多样性指数进行评价，结果显示，河流 75.7%的断面（点位）都处于"良好"及以上等级，"中等"占 11.5%，仅有 1.3%的断面（点位）处于"较差"等级；湖库五成点位的评价结果都处于"良好"及以上等级，"中等"占 40.0%，"较差"占 10.0%，表明水体中着生藻类群落多样性普遍较好。应用均匀度指数进行评价，流域内 80.0%的点位均为"清洁—寡污型"及以上状态，表明水体中藻类种群分布均匀，详见图 15-3 和图 15-4。

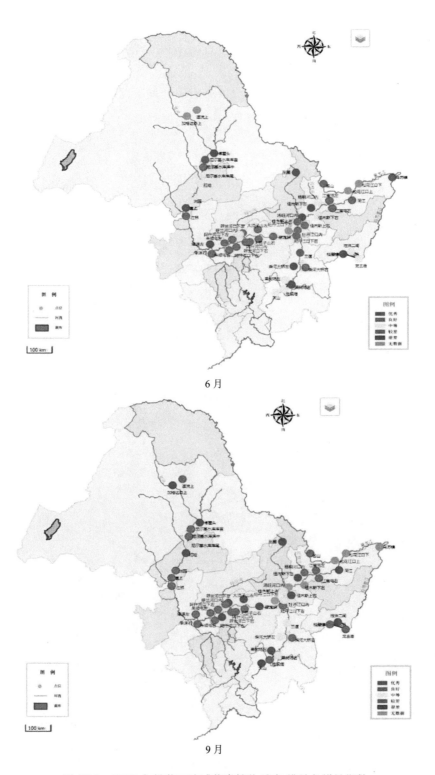

6 月

9 月

图 15-3　2020 年松花江流域藻类植物香农-维纳多样性指数

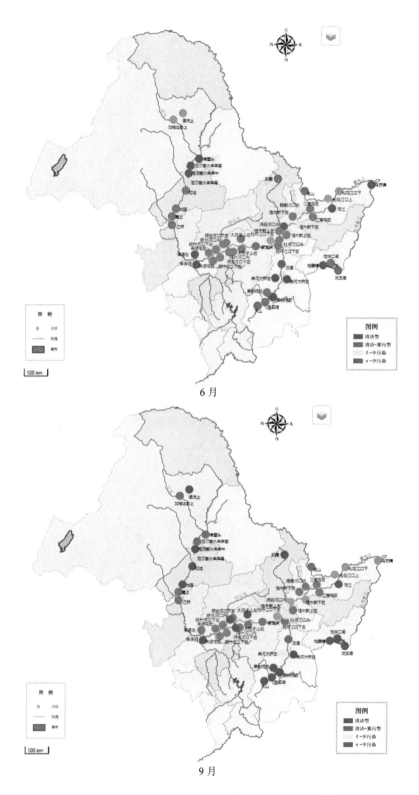

图 15-4　2020 年松花江流域藻类植物均匀度指数

在水生态调查中，河流以着生藻类为监测指标，湖库以浮游植物为监测指标进行植物群落调查，丰水期和平水期各监测一次。5 年的监测结果表明，河流和湖库主要由硅藻和绿藻组成，其中 2020 年河流硅藻—绿藻型占比最高，为 84.1%，2017 年湖库硅藻—绿藻占比最高，为 81.4%，"十三五"期间藻类植物符合河流及湖库硅藻—绿藻型的分布特征。河流和湖库各年度种类分布及群落结构，详见图 15-5 和图 15-6。

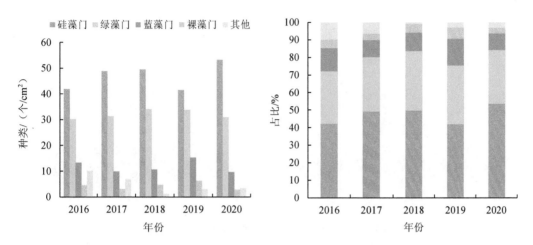

图 15-5 "十三五"期间松花江流域河流藻类植物种类分布及群落结构

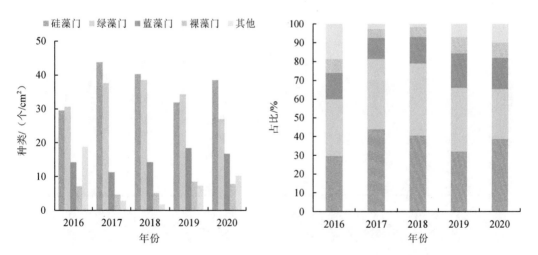

图 15-6 "十三五"期间松花江流域湖库藻类植物种类分布及群落结构

选用香农-维纳多样性指数和均匀度指数进行生物学评价。香农-维纳多样性指数评价结果显示，"中等"及以上等级的占比较高，除 2016 年的 6 月和 9 月及 2018 年的 6 月外，"十三五"期间其余年月均无"较差"等级出现，2020 年"优秀"等级占比上升明显，表明松花江流域水体中藻类植物种类丰富多样性较好。均匀度指数结果显示，流域内的绝大多数点位处于"清洁—寡污型"及以上状态,藻类分布均匀,群落结构较为稳定,详见图 15-7 和图 15-8。

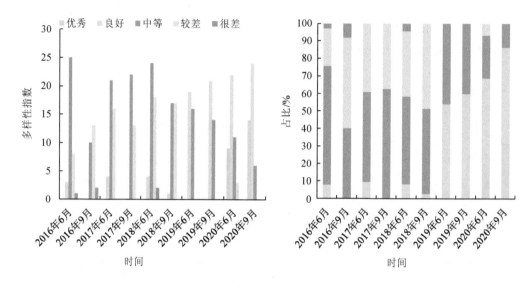

图 15-7　"十三五"期间香农-维纳多样性指数评价结果

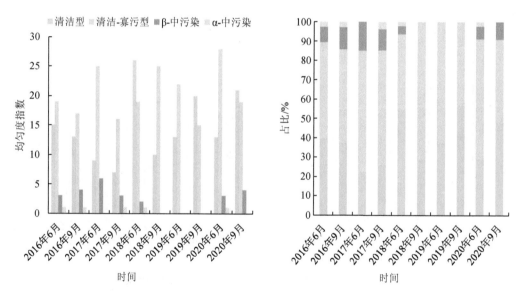

图 15-8　"十三五"期间均匀度指数评价结果

（2）重点河流着生藻类现在及"十三五"期间变化趋势

松花江干流以着生藻类为监测指标进行植物群落调查,丰水期、平水期各监测一次,2020 年在 11 个断面 21 个点位采集生物样品 84 个,共鉴定出藻类植物 112 个分类单位,隶属于 6 门 8 纲 17 目 29 科 59 属，其中硅藻门植物种类最多，有 60 个分类单位，占总数的 53.6%；其次为绿藻门植物，有 35 个分类单位，占总数的 31.3%；蓝藻门有 10 个分类单位，占总数的 8.9%；其他 3 个门藻类植物的种类数量不多，仅占总数的 6.2%。

干流水体藻类植物主要以硅藻—绿藻型为主，符合河流藻类分布特征，佳木斯上—江南屯段优秀年月的硅藻占比远高于肇源—哈尔滨段，同江断面除 2020 年 6 月外，5 年间硅藻占比一直保持在较高水平；松花江干流绿藻占比为第二，其中 2020 年 6 月肇源左和肇源右 2 个点位，以及 2020 年 9 月肇源右点位绿藻门植物增幅明显，详见图 15-9。

"十三五"期间均匀度指数显示，除 2016 年的肇源左、2016 年和 2017 年的肇源右，2020 年 9 月的佳木斯上左处于"β-中污染"型外，其他点位 5 年间 6 月和 9 月均处于"清洁—寡污型"及以上，朱顺屯—牡丹江口下段藻类植物分布的均匀度略好于佳木斯—同江段，下游藻类植物种类丰富度高，优势种优势度明显，5 年间最高值出现在 2020 年 6 月肇源右点位，数值为 0.97，说明此点位藻类植物分布均匀度较高，详见图 15-10。

2020 年，多数点位香农-维纳多样性指数均高于其他 4 年，说明 2020 年松花江干流藻类植物丰富度高于其他年份。5 年间除 2018 年 9 月大顶子山左、2016 年 9 月的佳木斯上右和佳木斯下右外，其他年月各点位均处于"中等"等级及以上，其中 2020 年 9 月摆渡镇数值最高为 3.53，表明该点位藻类植物多样性优于其他干流点位，5 年间大部分点位基本处于"中等"等级至"良好"等级之间，详见图 15-11。

（3）浮游植物现状及重点湖库"十三五"期间变化趋势

2020 年湖库内共监测到浮游藻类植物 78 个分类单位，隶属于 6 门 8 纲 15 目 26 科 46 属 78 种，主要以硅藻门和绿藻门的物种为主。其中硅藻门有 30 个分类单位，占总数的 38.5%；绿藻门植物有 21 个分类单位，占总数的 26.9%；蓝藻门有 13 个分类单位，占总数的 16.7%；裸藻门有 6 个分类单位，占总数的 7.7%；隐藻门有 4 个分类单位，占总数的 5.1%；甲藻门有 4 个分类单位，占总数的 5.1%。硅藻门和绿藻门植物的优势地位显著，符合湖库生态系统中浮游植物的分布特点。

"十三五"期间，尼尔基水库种类丰富度和浮游植物种类组成的稳定性显著高于镜泊湖和莲花水库，优势种类的组成也存在一定的差异性，尼尔基水库的优势种类主要为硅藻门，如小环藻属（*Cyclotella*）、直链藻属（*Melosira*）和针杆藻（*Synedra*），部分年份出现了隐藻门的啮蚀隐藻（*Cryptomonas erosa*）和蓝藻门的湖泊假鱼腥藻（*Pseudanabaena limnetica*）作为优势种，表明水体轻微富营养化；镜泊湖和莲花水库的优势种类除硅藻门外出现了微囊藻属（*Microcystis*）和湖泊假鱼腥藻（*Pseudanabaena limnetica*）等，显示水体富营养化的藻类，表明水体受到一定程度的污染。浮游植物种类分布详见图 15-12 和图 15-13。

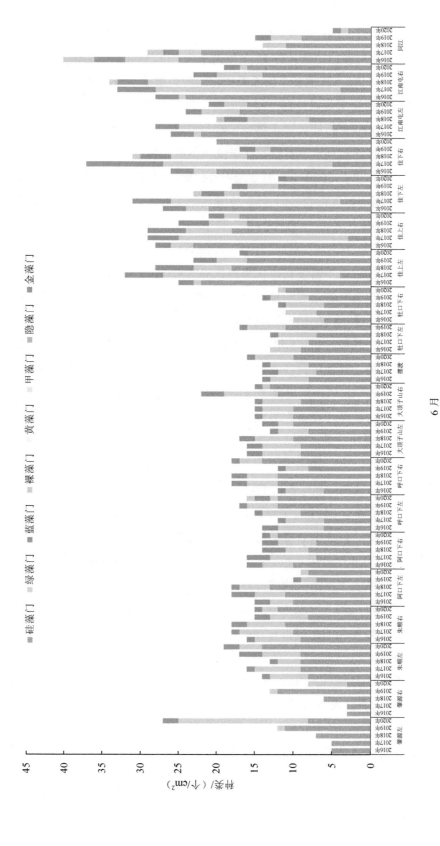

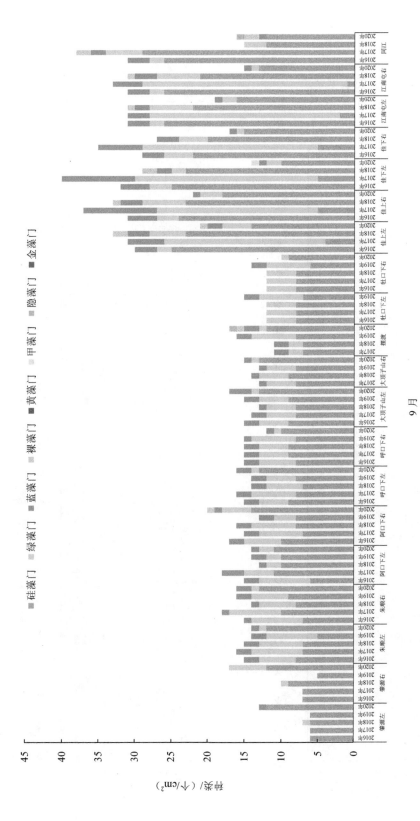

图 15-9　"十三五"期间重点河流藻类植物种类分布（部分年份无数据）

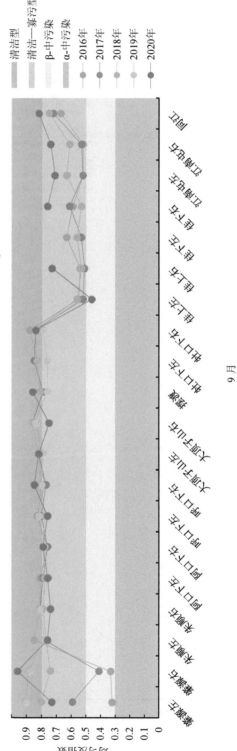

图 15-10 "十三五"期间重点河流藻类植物均匀度指数年际比较

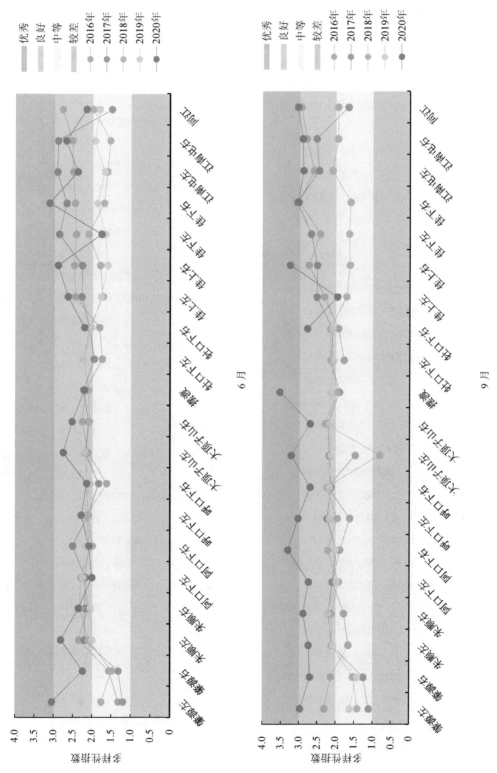

图 15-11 "十三五"期间重点河流藻类植物香农-维纳多样性指数年际比较

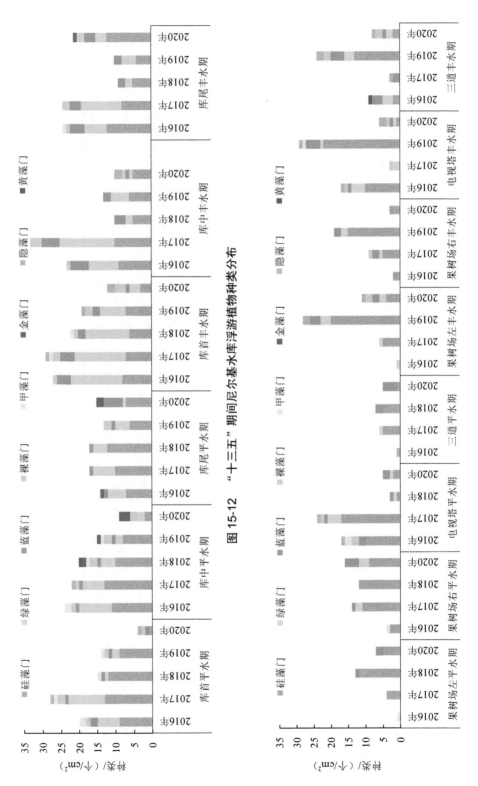

图 15-12 "十三五"期间尼尔基水库浮游植物种类分布

图 15-13 "十三五"期间镜泊湖和莲花水库浮游植物种类分布（部分年份无数据）

用香农-维纳多样性指数和均匀度指数对流域内重点湖库进行生物学评价，镜泊湖和莲花水库比尼尔基水库各点位的多样性指数评价结果为"中等"等级及以上占比多，显示该水体中浮游植物种类丰富度较高，多样性较好，均匀度指数评价结果显示，各湖库浮游植物种群分布均匀性较好，群落结构较为稳定。

15.2.2 底栖动物

（1）底栖动物现状及"十三五"期间变化趋势

2020年松花江流域底栖动物监测51个点位，采集底栖动物样品164个，全年定性监测出底栖动物203个分类单位，其中水生昆虫EPT物种69个分类单位，占34.0%；水生昆虫其他物种100个分类单位，占49.3%；软体动物16个分类单位，占7.9%；甲壳动物8个分类单位，占3.9%；环节动物10个分类单位，占4.9%。

水生昆虫分布广，物种、数量多，成为多数点位的优势类群，优势物种的指示性多在"中等"以上，密度范围较大，在0～335个/笼之间。其中，黑龙江的背景断面及黑龙江的名山点位采集到多种襀翅目和蜉蝣目稚虫，多以其为优势种；松花江干流及其支流主要优势种为水生昆虫如蜉蝣目和毛翅目等；个别点位以中腹足目肋蜷科黑龙江短沟蜷为优势种，详见图15-14。

采用七种单一指数评价，包括特伦特（Trent）指数、BMWP记分系统、每科平均记分值ASPT，生物学污染指数法（BPI）、钱德勒（Chandler）生物指数（CBI）、玛格列夫（Margalef）丰富度指数和FBI指数（各点位评价结果见图15-15），不同指数评价结果存在差异。按各指数评价等级进行赋值，利用简单叠加法进行底栖动物的综合评价（结果见图15-16），2020年松花江流域水生态状况调查的51个点位中，除6个点位数据缺失未参与底栖动物综合评价外，"优秀"点位3个，占6.7%；"良好"点位20个，占44.4%；"中等"点位17个，占37.8%；"较差"点位5个，占11.1%；无"很差"点位。

"十三五"期间总体上全省监测区域水生态状况良好，物种比较丰富，5年间物种数基本保持在200个左右，大部分点位群落结构比较完整，比较稳定。水生昆虫分布广，种类数量多，是多数点位的优势类群，占比高达61.8%以上，2020年达到83.3%，各年度全省底栖动物种类分布详见图15-17。敏感的EPT物种出现的频率高，近3年分别为2018年的89.8%，2019年的78.7%，2020年的97.4%；各源头、松花江干流下游和黑龙江多以敏感EPT物种为优势种，如敏感物种襀翅目、蜉蝣目和毛翅目建巢的种类；其他多数断面以一般耐污种为优势种，如毛翅目不建巢的物种、双翅目或软体动物。

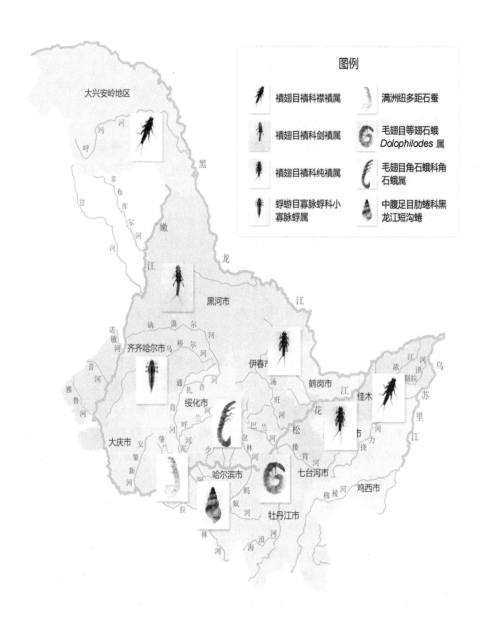

图 15-14 黑龙江省底栖动物优势种分布

图 15-15 2020 年底栖动物单一指数评价结果

图 15-16 2020 年底栖动物综合指数评价结果

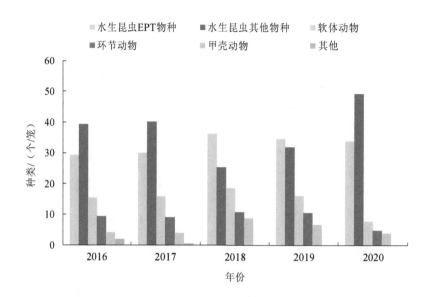

图 15-17 "十三五"期间黑龙江省底栖动物种类分布

七种单一评价指数结果显示,背景断面的江河源头,松花江佳木斯—同江段、黑龙江及乌苏里江所属断面均呈现出多种评价因子处于"中等"以上等级,表征水生态状况持续保持较好的状况。"十三五"期间松花江干流评价结果为"中等"以上等级的比例逐年增加,其中下游评价结果多好于上游。

综合评价全省监测区域多数点位底栖动物表征的水生态状况较好。"中等"以上等级的占比较高,"很差"及以下等级自 2016 年后未出现,详见表 15-2。"十三五"期间 2017 年"中等"及以上等级占比最高为 98.1%,"良好"及以上等级占比为 68.5%。

表 15-2 "十三五"期间底栖动物综合评价结果 单位:%

年份	优秀	良好	中等	较差	很差及以下
2016	11.5	29.5	52.5	4.9	1.6
2017	3.7	64.8	29.6	1.9	0
2018	2.0	63.3	22.5	12.2	0
2019	2.6	57.9	36.9	2.6	0
2020	10.2	35.6	40.7	13.5	0

（2）"十三五"期间重点河流底栖动物变化趋势

松花江干流肇源—同江段生物多样性较丰富，在 5～25 种之间，其中 6 月佳木斯—江南屯段物种数均在 14 种以上，多数断面都有 EPT 物种出现，21 个点位底栖动物综合评价均处于"中等"以上等级，其中共 12 个点位底栖综合评价为"良好"以上等级，占比 57.1%，主要分布在佳木斯—同江段。

肇源—哈尔滨段物种数在 2016 年后较稳定，佳木斯—同江段物种丰富，水生昆虫种类多，尤其是敏感的 EPT 物种较多，"十三五"期间多超过 10 种，2019 年 6 月佳木斯下左水生昆虫物种数高达 30 种，2017 年 9 月佳木斯下右水生昆虫物种数为 20 种。肇源左、肇源右、呼兰河口下左、阿什河口下右、牡丹江口下右和摆渡 6 个点位，"十三五"末较"十三五"初水生昆虫数量有明显增加，详见图 15-18。

松花江干流牡丹江口下和同江断面以 EPT 物种作为主要优势种，其他断面优势种有变化，其中肇源断面 2020 年优势种出现了耐污值较低、敏感性较强的秀丽白虾，其他点位在不同年份均出现过耐污值小于等于 4 的物种，详见表 15-3 和表 15-4。

底栖动物表征的水生态状况稳中趋好，"十三五"期间肇源—哈尔滨段多保持在"中等"及以上等级，牡丹江口下始终保持在"良好"等级，2018 年、2019 年和 2020 年肇源—哈尔滨段其他点位评价结果均由"中等"提升到"良好"等级；佳木斯—同江段"十三五"期间始终保持在"良好"等级，2017 年佳木斯下右位点提升到"优秀"等级，详见图 15-19。

15.2.3　水生态综合评价

（1）综合评价方法

按照《河流水生态环境质量评价技术指南（试行）》要求，采用综合指数法进行水生态质量综合评估。通过水化学指标和水生生物指标加权求和方式，计算综合评价指数（WQI），反映各评估单元和水环境整体的质量状况。

$$\mathrm{WQI} = \sum_{i=1}^{n} X \times W$$

式中，WQI 表示水生态质量综合指数；X 为评价指标分值；W 为评价指标权重。在综合评价时考虑水化学指标、大型底栖动物指标、着生藻类指标以及生境指标，其分值及权重详见表 15-5。

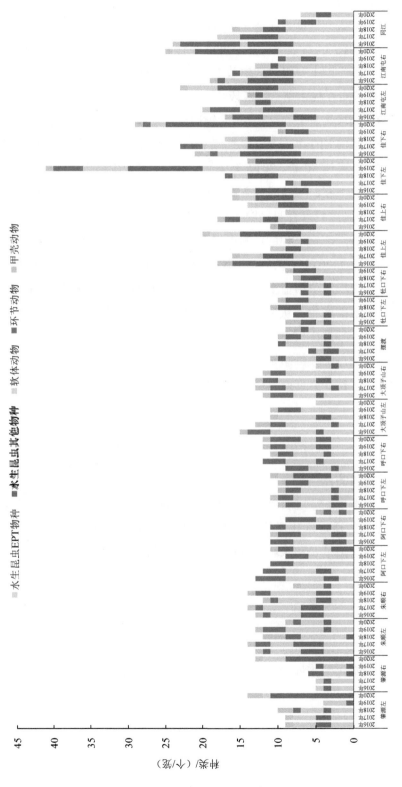

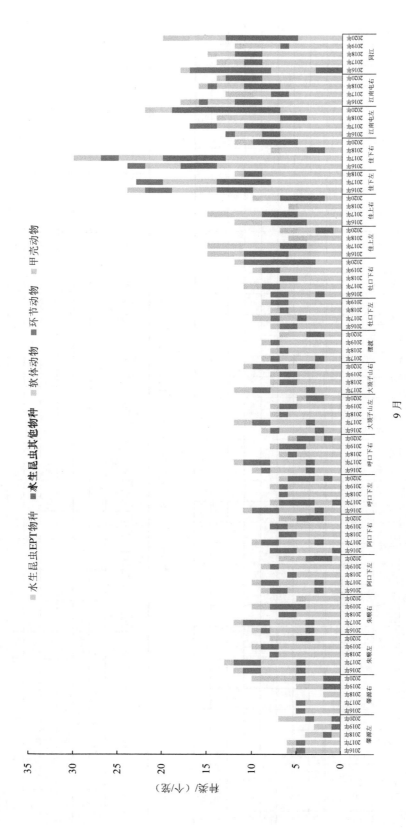

图 15-18 "十三五"期间松花江干流底栖动物种类分布（部分年份无数据）

表 15-3 "十三五"期间松花江肇源—哈尔滨段底栖动物优势种

序号	物种	耐污值	朱顺屯					肇源					阿什河口下					呼兰河口下					大顶子山					摆渡镇					牡丹江口下				
			2016年	2017年	2018年	2019年	2020年	2016年	2017年	2018年	2019年	2020年	2016年	2017年	2018年	2019年	2020年	2016年	2017年	2018年	2019年	2020年	2016年	2017年	2018年	2019年	2020年	2016年	2017年	2018年	2019年	2020年	2016年	2017年	2018年	2019年	2020年
1	扁蜉属	1																								+						+		+	+	+	+
2	小蜉属	1			+				+	+														+								+	+	+	+	+	
3	秀丽白虾	2				+			+																												+
4	纹石蚕属	4	+	+		+		+	+	+	+					+					+				+												
5	环姊螺	5																																			
6	低头石蚕属	6																			+				+						+						
7	多距石蚕属	6			+	+	+	+	+	+						+	+				+	+				+			+	+						
8	摇蚊科	6	+	+						+			+	+	+			+	+				+					+	+								
9	田螺属	6		+					+	+																											
10	东北田螺	6			+																																
11	圆田螺属	6																														+					

表 15-4 "十三五"期间佳木斯—同江段底栖动物优势种

序号	物种	耐污值	佳木斯上					佳木斯下					江南屯					同江				
			2016年	2017年	2018年	2019年	2020年	2016年	2017年	2018年	2019年	2020年	2016年	2017年	2018年	2019年	2020年	2016年	2017年	2018年	2019年	2020年
1	扁蜉属	1	+													+			+	+		
2	小褶脉蜉属	2			+				+										+	+		
3	等蜉属	2																			+	
4	短脉石蚕属	4							+						+				+			
5	纹石蚕属	4		+				+												+		
6	双纹石蚕属	4								+						+						
7	细蜉属	6			+																	
8	摇蚊科	6		+				+			+		+				+					
9	东北田螺	6				+		+					+						+			
10	低头石蚕属	6		+																+		
11	黑龙江短钩蜷	7																				+

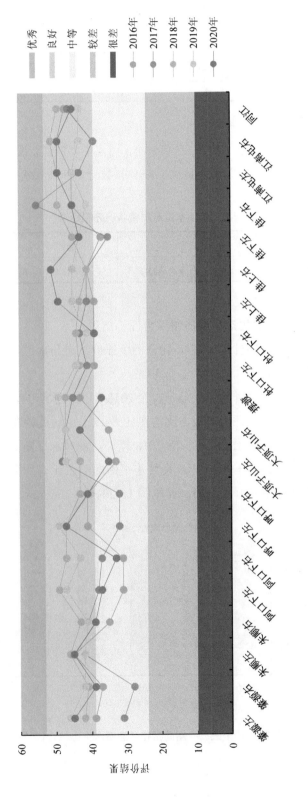

图 15-19 "十三五"期间底栖动物综合评价结果年际比较

表 15-5　水生态综合评价公式

指标	范围	权重赋分
水化学指标	1～5	0.4
水生生物指标（大型底栖动物+藻类植物）	1～5	0.4
生境指标	1～5	0.2

注：大型底栖动物、藻类植物评价计算为求算术平均数。

　　根据水生态综合评价指数（WQI）分值大小，将水生态质量状况等级分为五级，分别为"优秀""良好""中等""较差"和"很差"，具体指数分值和质量状况分级详见表15-6。

表 15-6　水生态质量状况分级标准

水生态质量状况	优秀	良好	中等	较差	很差
综合指数（WQI）	WQI≥4	4＞WQI≥3	3＞WQI≥2	2＞WQI＞1	WQI=1

（2）"十三五"期间水生态环境质量综合评价结果

　　"十三五"期间结合水质评价结果、物理栖境评价结果和水生生物评价结果对流域水生态质量进行综合评价。

　　松花江流域水生态综合评价结果显示，除2018年受洪水影响，水生态质量有所降低外，其他年份"中等"以上评价等级占比均在95%以上，说明松花江流域水生态质量相对较好。通过评价结果年际比较发现，除2018年外，较差水平断面占比逐年降低，2020年成功消除较差断面；2019—2020年，良好水平断面的占比有所提高。整体而言，松花江流域水生态质量呈稳中向好的态势，详见图15-20。

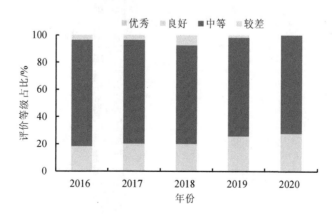

图 15-20　"十三五"期间松花江流域水生态综合评价结果

第十六章　地表水水质预报预警
——以呼兰河流域为例

16.1　呼兰河现状

16.1.1　自然状况

呼兰河位于黑龙江省中部，是松花江左岸一级支流，发源于小兴安岭西侧铁力市东北部的炉吹山，至哈尔滨市呼兰区入松花江，全长 523 km。呼兰河流域呈扇形枝状，地势东北高、西南低，流域东西宽 210 km，南北长约 240 km，总面积为 36 789 km²。流域内山区占比 19.95%，平原占比 80.05%。

呼兰河流域处于中纬度地带，属于北温带大陆性季风气候，年平均风速 3.5 m/s，年平均气温为 0～3℃，冬季平均气温为 –26～–21℃，夏季平均气温为 20～23℃。年平均降水量 505.4 mm，由东向西降水逐渐递减，相差 50 mm 左右。四季分明，春季 4—5 月干旱少雨，多西南大风；夏季 6—8 月高温多雨，气候湿润，多偏南风；秋季 9—10 月凉爽，多偏西风，气温逐渐下降；冬季 11 月至翌年 3 月，漫长严寒，干冷少雪，多西北风。呼兰河流域内降水地区分布不均，上游山地森林区最大年降水量可达 1 000 mm 左右，为全省暴雨中心，年径流深为 300～400 mm；下游平原区多年平均降水量为 522 mm，且蒸发较强，致使流域西部最小年径流深仅为 25～30 mm。流域内降水季节分配也不均，主要集中于 7—9 月，这 3 个月的降水量占全年降水量的 70%。

16.1.2　人文特征

呼兰河流域总人口约 510 万，流域内人口密度为 139 人/km²，城镇化率为 40.3%，其中肇兰新河区域内城镇化率达到了 48.3%，而通肯河以上区域城镇化率仅为 17.9%。

呼兰河流域属于经济欠发达地区。流域内生产总值为 1 318.1 亿元，人均 GDP 为 25 858 元，为全省平均值的 60.9%，三产比重分别为 35.9%、27.8%、36.3%，详见图 16-1。

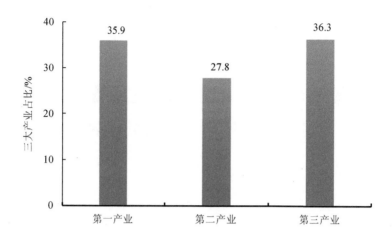

图 16-1　呼兰河流域三大产业生产总值

16.1.3　"十三五"期间水质变化情况

"十三五"期间，呼兰河流域水质总体呈现向好趋势，主要污染指标为高锰酸盐指数、化学需氧量和氨氮。高锰酸盐指数以及化学需氧量呈逐年下降趋势，氨氮含量在 2016—2019 年呈下降趋势，2020 年有所上升。详见图 16-2～图 16-5。

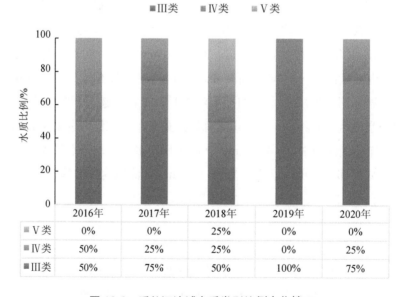

	2016年	2017年	2018年	2019年	2020年
Ⅴ类	0%	0%	25%	0%	0%
Ⅳ类	50%	25%	25%	0%	25%
Ⅲ类	50%	75%	50%	100%	75%

图 16-2　呼兰河流域水质类别比例变化情况

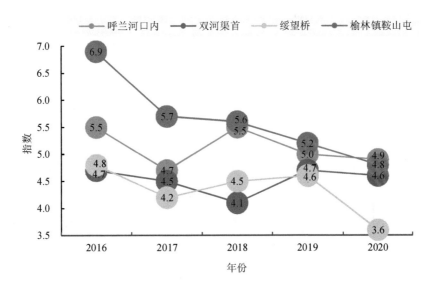

图 16-3　高锰酸盐指数浓度变化

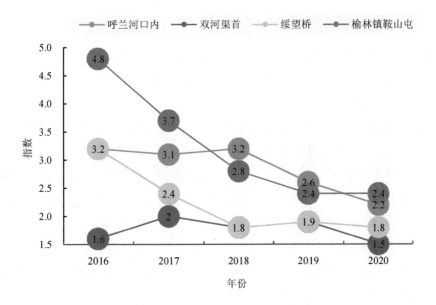

图 16-4　化学需氧量浓度变化

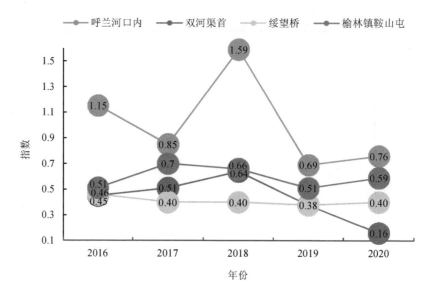

图 16-5 氨氮浓度变化

16.1.4 鹿鸣矿业钼泄漏事件

2020 年 3 月 28 日 13 时,伊春鹿鸣矿业有限公司钼矿尾矿库 4 号溢流井发生倾斜,导致泄水量增多并伴有尾矿砂,对水环境造成污染。黑龙江省启动二级应急响应。

（1）事件影响分析

此次事件共造成直接经济损失 4 420.45 万元,主要包括应急工程费、应急监测费、行政支出费、应急防护费、财产损失等。其中,财产损失 1 025.77 万元。

经专家核算,事件中尾矿库泄漏 232 万～245 万 m^3 尾矿（砂水混合物）。泄漏钼总量 89.39～117.53 t,其中砂相中 87～115 t、水相中 2.39～2.53 t。事件造成依吉密河至呼兰河约 340 km 河道钼浓度超标,其中污染依吉密河河道约 115 km、呼兰河河道约 225 km。约 6.8 万人用水因减压供水等受到影响。依吉密河沿岸部分农田和林地受到一定程度污染,其中伊春市受影响农田约 4 312 亩、林地约 6 721 亩,绥化市受影响林地约 2 068 亩。

（2）风险分析

风险源较多。呼兰河流域现存尾矿数较多,并且大多建筑年代较久,再次发生泄漏事故的可能性较大。

环境承受风险力较弱。呼兰河流域种植业发达,水体一旦受到污染对相关产业发展影响很大,对经济影响较大;而且尾矿多重金属,蓄积在土壤中难以根除,影响深远。

事故应急系统自动化建设不完备。事故发生后,污染物的扩散模拟很大程度上依赖手工监测数据,污染扩散的自动化模拟支撑不足,不能为科学决策提供数据支持。并且无法评判不同削减措施的优劣，可能因大量使用絮凝剂，造成二次污染。

监测自动站数据量少。呼兰河全长 523 km，目前只有 4 个自动站点，难以支撑整个流域的地表水环境管理，尤其是事故发生后，只能通过新增大量的临时站点进行监测，耗费时间成本较大，无法实时跟踪污染过程。

16.2　预警预报技术方案探究

目前呼兰河流域面临的地表水环境质量形势严峻、污染事故发生风险大、面源污染负荷问题严重以及不同水期的水质状况复杂，亟须进行不同技术方案的探究。目前国内外针对流域水环境管理，一是建立地表水环境数值模拟系统，通过模拟水动力、物质污染扩散、生化反应等多种过程，实现对水环境指标数据的计算；二是建立基于人工智能的大数据关联分析模型，通过模型构建影响水环境质量数据之间的联系，从而实现水质的预警预测，为水环境管理提供数据支持；三是增设地表水环境质量自动监测站，通过加大监测频次以及增加监测指标等方式，更多地感知地表水环境质量，获取更多的相关数据，促进流域的水环境管理。

16.2.1　建立地表水环境数值模型

地表水环境数值模拟是地表水环境领域应用比较广泛的模型，其大致可分为水动力学模型、水质模型和水生态模型三大类。其基本原理是基于计算机技术，将气象条件、水动力条件、水质边界条件等因素进行定量化约束。通过求解方程组，获得所求参数的时空分布特征以及迁移转化规律。地表水环境数值模拟其优点在于应用广泛，涵盖水质模拟与预测、水环境容量计算及水系规划方案等；模拟内容丰富，包括水动力、风浪、沉积物、泥沙输运等；模型机理性强，因此其结果的可解释性较高，并且也支持多种情景下的应急预案效果评估。呼兰河流域土壤多为腐殖质，该流域养殖业、种植业产业发达，农药、化肥、粪便等导致的面源污染较严重。该地区冰期情况较为复杂，河流水动力因素对水质的影响也尤为重要，因此针对该区域要建立基于面源污染和河流水动力的耦合数值模拟模型。

16.2.2　深入分析环境大数据

环境大数据分析是通过建立模型挖掘环境相关数据和水环境质量之间的深层次关系，以此实现对水环境当前状况的评价以及对未来水质发展状况的评判。通过历史数据的学习，可识别出流域内不同空间、时间尺度的主要特征污染物，为污染的治理决策提供方向。基于大数据分析的方法可以挖掘到经验或者机理模型难以发现的数据自身存在的或者是数据间存在的规律问题，基于数据间的联系使得预测更加准确，并且对不同的模型，数据分析模型可以很好地移植，建模比较简单，尤其是随着环境数据量的加大，其模型效果会更加精准。同时，该方法可以建立人文、经济等数据和环境数据之间的关联，从宏观角度阐述水环境的发展趋势。呼兰河流域环境监测工作开展较早，水文数据也相对较全，并且自动站运行完善，数据积累较多。而且，不同冰期水体状况差别明显，单纯的经验很难捕捉数据自身的规律性，因此适合建立基于大数据分析的环境质量模型。

16.2.3 加强地表水环境质量感知

地表水环境监测自动站作为监测环境质量的重要抓手，其监测数据可以直观地描述流域当前水环境质量的状况。因此增加关键节点自动监测站点数量、面源污染自动监测指标种类以及特征污染物监测频次，实现流域地表水环境质量的深感知，为更精确地管理流域水环境服务。关键节点一般选择在支流干流的汇水口、进出城市的河口、面源污染严重的河段，通过在这些节点设置断面，可以了解污染的主要来源以及计算污染通量；增加自动监测指标种类可以量化该局部地区面源污染对水质变化的影响程度，以及模拟计算整个流域面源污染的比重；增加流域特征污染物的监测频次，通过数据分析深层次挖掘数据自身规律性，可以更直接地掌握流域水环境质量未来的发展趋势。

16.2.4 融合自动站建设的水环境质量预警预报集成技术方案

针对呼兰河流域现状的分析以及多种技术方案的评估，融合自动站建设的水环境质量预警预测集成技术，可作为其水环境管理工作的解决方案，其中，水环境质量预警预测集成技术包括流域水环境质量预警技术、流域水环境质量预测预报技术以及污染事件溯源技术。

（1）自动站建设

根据目前呼兰河现有水环境质量自动监测站点的布局，结合呼兰河流域污染源分布情况、土地使用类型、地形情况以及历史水质监测数据，可在肇兰新河和呼兰河的交汇处，以及呼兰河入哈尔滨市的入口处分别新建一个标准的地表水环境监测自动站。

（2）流域水环境质量预警技术

预警是指在灾害或灾难以及其他需要提防的危险发生前，根据以往总结的规律或观测得到的可能性前兆，向相关部门发出紧急信号，报告危险情况，以避免危害在不知情或者准备不充分的情况下发生，从而最大限度地减少危害所造成的损失的行为。流域地表水水环境质量预警的技术路线详见图16-6。

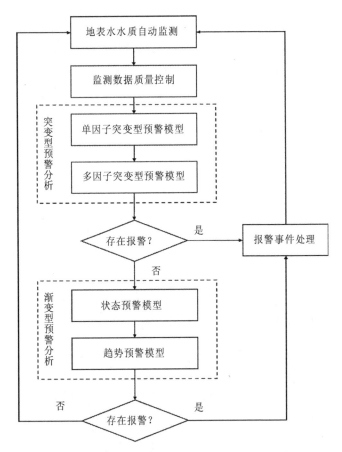

图 16-6　流域地表水水环境质量预警技术路线

　　根据原理和实现方法的不同，有不同的地表水水质预警分类方法。从警情发生状态的角度，可把预警方法分为突变型预警和渐变型预警两种。突变型预警是针对当前时刻发生的水质数据异常进行预警。该模型首先对水质指标的历史数据进行分析建模，再对该水质指标的监测数据序列及其跳动情况进行实时分析判断。就预警指标的种类而言，该方法又可以分为单因子预警和双因子预警。其中，单因子预警是对地表水某单一指标的数据及其跳动情况进行判断，如果发生的异常变化或监测数据超过模型设定阈值，则触发预警机制。多因子预警是指针对有关联性的两项水质指标组合进行的预警。多因子预警首先需要对两项指标的历史数据进行相关性分析，当相关性大于阈值时，才可以作为预警指标组合，然后根据指标组合的历史分布数据，对实时的监测数据进行分析判断，从而进行预警。渐变型预警是针对当前时刻与之前连续多个时刻的水质指标序列发出的预警。就变化的情况而言可分为状态预警和趋势预警。状态预警是针对地表水水质自动监测的一段时间里各项指标进行综合分析和评价后发出的预警；趋势预警则是用地表水水质自动监测的一段时间里各项指标预测将来时段的水质变化趋势发出的预警。

预警模型主要分为建模阶段和预警阶段。建模阶段是预警模型的准备阶段，首先建立预警模型，然后根据不同模型方法，通过历史数据进行模型率定，确定预警模型参数，建模阶段完成后预警模型可以长期运行；预警阶段则是常态化地根据监测数据进行水质预警的过程，首先需实时导入监测数据，并对监测数据进行数据质控，排除数据质量异常，然后运行预警模型，产生预警结果。

预警模型运行流程如图 16-7 所示。

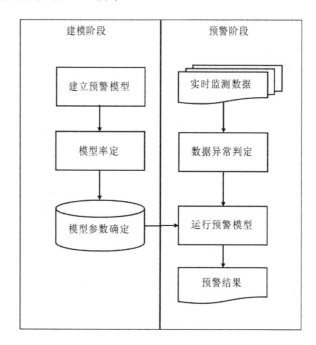

图 16-7   预警模型运行流程

（3）流域水环境质量预测预报技术

水环境质量预测是对未来一段时间的水质情况进行预判，精准的水质预测是科学、准确地进行水质预警的前提。多模型耦合水环境质量的预测技术主要分为两大部分，一是基于机理模型的预测模拟技术，二是基于历史数据的数理统计模型构建技术。

基于机理模型的预测技术，融合了流域面源污染模型和基于水动力的水文水质机理模型。该技术进行水环境质量预测，首先建立包括面源模型和水动力模型的多机理模型集合预报模型体系，模拟面源污染和水体水质污染物传输扩散的全过程。其中，面源模型包括水文循环、土壤侵蚀、营养物质迁移转化等功能模块，为水体水质模型提供径流和面源污染输入；水文水质机理模型包括水动力、闸坝控制、水质、病原体和有毒物质等功能模块。在机理模型的运算结果基础上，进行集合预报优化，采用统计模型对机理模型的模拟结果进行偏差修正。该预测技术采用 SWAT 作为面源模型，EFDC 作为水文水质机理模型，并结合 ARIMA 模型、Prophet、LSTM-DA 集成学习模型等统计模型构建了水环境预测预报模型组。在模型组构建过程中，针对某一水体，首先划定可影响该水体的流域范围，以此流域为研究对象建立初始的面源模型，根据流域内数据的实测值和模型输出值的对比，进行模型的率定。然后依据该水体的基础数据建立、率定、校正相应的水动力模型。利用该模型进行水体水质计算时，把面源模型的水质污染物的输出结果数据作为水动力模型中各种水质数据的输入数据。将模型得到的结果作为统计模型的输入数据，将统计模型的输出值作为最终的水质预测结果详见图 16-8。

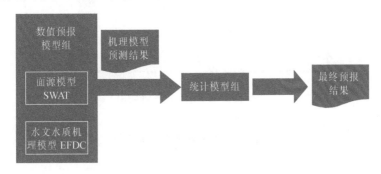

图 16-8　流域水环境质量预测预报框架

基于数理模型的预测技术主要包括适用于时间序列数据分析的统计模型 ARIMA 模型、Prophet 模型，基于深度学习的 LSTM 模型以及基于集成学习模型的预测技术。

ARIMA 模型、Prophet 模型适合处理时间序列数据，该类模型在考虑趋势、季节、随机波动的前提下，将数据分割为 3 个不同组成部分，并分别进行数值预测，使得预测得到的值更加准确。

LSTM（Long Short Term Memory Network）模型，即长短时记忆神经网络，是一种具有时间循环结构的神经网络模型，适用于对时间序列数据样本进行预测分析（图 16-9）。在地表水环境监测中，同一断面的水质监测数据具有时间序列维度上的因果联系，适合采用长短时记忆神经网络进行预测分析。

集成学习是使用多个学习器进行学习，并根据规则整合每个学习器输出的结果，从而获得比单一学习器更好效果的一种机器学习方法。集成学习预测模型中选择 ARIMA 模型和 Prophet 模型作为学习器（图 16-10）。其中 ARIMA 模型可以很好地获取时间序列中的周期性、趋势信息，而 Prophet 模型可以很好地处理时间序列数据中存在的异常值和缺失值，并将 BP（Back Propagation）神经网络模型作为整合学习器结果的集成模型，该模型可以很好地处理非线性问题。

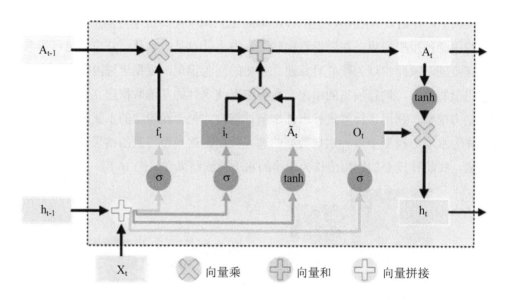

图 16-9　LSTM 结构计算流程

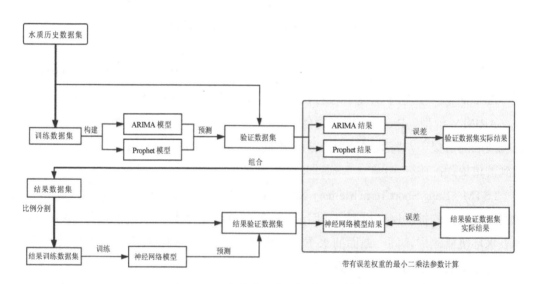

图 16-10　集成学习模型预测技术流程

（4）污染事件溯源技术

污染源溯源技术包括两方面，一是在污染源图谱数据库的基础上，基于时空聚类算法的污染源溯源技术；二是突发污染事故发生后，基于应急监测的污染源溯源分析技术（图 16-11）。污染源溯源技术是通过对污染成分进行特征分析，然后与各种类型污染源的特征成分谱进行对比，找出污染源的类型。对于河流中的突发污染，则主要以补充监测确定污染高值区，不断缩小可能污染源的范围，从而最终锁定污染源。

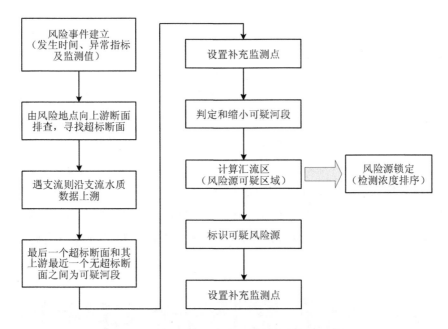

图 16-11　基于应急监测的污染源溯源技术流程

具体步骤如下：

①污染事件基础数据。污染事件发生后，通过污染成分特征进行分析，与多种污染源的特征成分谱进行比对，得出异常指标，并记录异常指标监测值。

②可疑河段识别。由风险地点向上游断面（潮汐河段的涨潮期间向下游断面）排查，遇支流则根据所在支流水质数据逐步上溯，寻找超标断面。其中超标断面的鉴别方法是根据断面最近一个月内的实时监测数据的变化幅度进行判断，如果指标的检测值，其最大值与最小值的变化幅度超过 10%，则认为该断面为超标断面；找到最后一个超标断面和其上游最近一个无超标断面，这两个断面之间为可疑河段。

③补充监测锁定河段。按照均匀分布原则，在可疑河段上自动分配补充监测点。对补充监测点按照采样垂线进行监测，获取采样点位、采样垂线、采样时间、监测指标、监测浓度等数据。根据补充监测的监测浓度超标情况，继续应用步骤④中的识别方法，缩小可疑河段范围。如需进一步缩小可疑河段范围，可继续迭代步骤⑤，直到最终确定可疑区域。

④风险排查。根据最终所确定可疑范围，计算汇流区，作为风险源可疑区域；根据风险源可疑区域，从风险源数据库中查询出在可疑范围内的风险源，并对可疑风险源入场监测，逐一排查入场监测数据。

⑤确认污染源。针对每个重点企业进行入场监测，最后确认污染源。

16.3 未来展望

通过对地表水环境质量预警预测方法技术的研究探索，将当前地表水在线监测数据、采测分离手工监测数据、污染源在线监测数据，与气象数据、水文数据等相关数据结合，为建设自动站和构建呼兰河流域地表水环境预警预测系统，提供了科学的方法和理论依据。呼兰河流域地表水环境预警预测系统的应用可提升流域水环境污染预警预报能力，为呼兰河流域地表水环境的科学管理提供数据支撑，并提高地表水环境应急响应效率。同时可实现呼兰河流域地表水环境质量形势的预判，断面水质超标的实时预警、原因分析和污染源头锁定以及污染事故发生后的影响范围预测和多种应急措施的效果评估（图 16-12）。

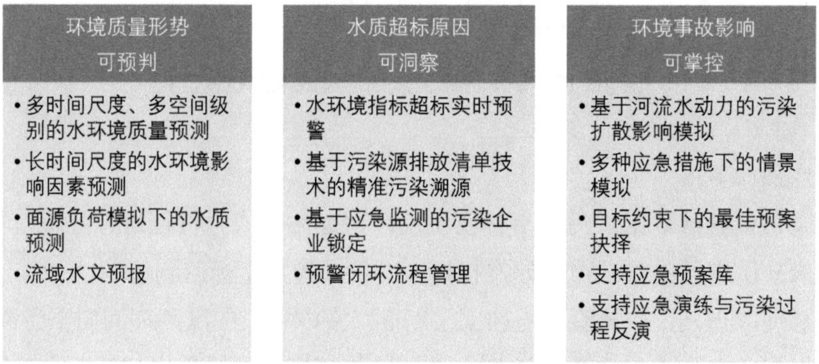

环境质量形势可预判	水质超标原因可洞察	环境事故影响可掌控
•多时间尺度、多空间级别的水环境质量预测 •长时间尺度的水环境影响因素预测 •面源负荷模拟下的水质预测 •流域水文预报	•水环境指标超标实时预警 •基于污染源排放清单技术的精准污染溯源 •基于应急监测的污染企业锁定 •预警闭环流程管理	•基于河流水动力的污染扩散影响模拟 •多种应急措施下的情景模拟 •目标约束下的最佳预案抉择 •支持应急预案库 •支持应急演练与污染过程反演

图 16-12 呼兰河流域地表水环境预警预测系统的优势

16.3.1 环境质量形势可预判

地表水环境预警预测系统，可实现覆盖不同冰期的多时间尺度（天、周、月）、多空间级别（断面、城市、流域）的地表水环境质量预测，并可以实现未来 3 个月影响水质的主要面源污染因素、行业因素等，以及多时空尺度的流域水文预报，从而实现流域地表水环境质量的形势预判。

16.3.2 水质超标原因可洞察

地表水环境预警预测系统，可以实现断面水质超标后的实时预警，并基于污染源溯源技术，实现超标原因的分析，以及由污染企业的超标排放导致的超标情形下的污染源锁定，实现污染过程的全链条分析，并对污染的范围进行时间、空间影响分析，支持预警流程的闭环管理，为预警事件后评估以及预警模型的迭代优化提供数据支撑，从而实现水质超标原因的可洞察。

16.3.3 环境事故影响可掌控

地表水环境预警预测系统，可实现污染事故发生后对污染物的传输扩散进行模拟分析，并可根据自动站监测数据或者手工监测数据实时修正模型，优化预测输出结果。支持多种情景下的应急预案效果评估，以及目标约束下的最佳应急预案决策，支持事故的应急模拟演练以及事故后的污染过程反演，从而实现环境事故影响可掌控。

第十七章 "哈大绥"区域颗粒物组分网研究

17.1 研究背景

"十三五"期间，我国大气污染防治工作取得积极进展，但随着社会经济的快速发展和工业化、城镇化进程的加速推进，污染形势依然严峻。我国的城市大气污染情况呈现出煤烟型与氧化型污染共存、局地污染和区域污染叠加、污染物之间相互耦合的复合型大气污染特征。以大气细颗粒物（$PM_{2.5}$）污染为特征的大范围灰霾天气频发，不仅对公众健康造成严重威胁，而且成为影响社会经济可持续发展的阻力。为贯彻落实大气污染防治行动计划，科学有效地开展颗粒物污染防治，全面认识 $PM_{2.5}$ 来源与化学组分演变特征，国内大部分城市陆续开展了 $PM_{2.5}$ 来源解析工作。研究表明，$PM_{2.5}$ 来源组成复杂，主要成分包括有机碳（OC）、元素碳（EC）、无机元素、水溶性离子等，这些物质的总质量占据 $PM_{2.5}$ 的大部分质量，因此，对颗粒物化学组分的分析是科学、有效地开展颗粒物污染防治和保障大气污染治理工作高效实施的基础和前提。

17.2 研究目的

"十三五"期间，黑龙江省大气污染形势比较严峻，特别是秋冬季节重污染天气仍呈高发态势，其中 3 个重点城市——哈尔滨、大庆和绥化（以下简称"哈大绥"）城市间的大气污染相互影响，仅从行政区划的角度考虑单个城市大气污染防治已难以解决大气污染问题。因此，为阐明"哈大绥"区域颗粒物污染水平、特征及其主要来源，科学有效地推进大气污染防治，黑龙江省生态环境厅组织开展了"哈大绥"区域颗粒物组分监测分析工作，确定污染防治重点，推动大气污染源头治理、科学治理和协同治理，进而为政府和环境管理部门有重点、分步骤地制定"哈大绥"区域大气污染联防联控的对策和措施提供科学依据，也为全省其他城市开展颗粒物组分监测提供参照。

17.3 研究内容及方法

17.3.1 研究内容

利用在线碳组分分析仪、在线离子色谱仪和在线无机元素分析仪对哈尔滨、大庆和绥化颗粒物组分浓度进行连续监测，对监测数据的分析说明"哈大绥"区域在不同的季节和污染过程中颗粒物组分的变化特征。"哈大绥"区域组分网监测点位详见图 17-1。

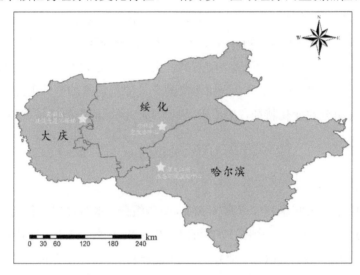

图 17-1 "哈大绥"区域组分网监测点位

17.3.2 研究方法

在线碳组分分析仪、在线离子色谱仪和在线无机元素分析仪的监测方法和监测项目详见表 17-1。

表 17-1 组分仪器的监测原理和项目

设备名称	原理	监测项目
在线碳组分分析仪	热光反射法	有机碳（OC）、元素碳（EC）
在线离子色谱仪	离子色谱法	硫酸根（SO_4^{2-}）、硝酸根（NO_3^-）、氟离子（F^-）、氯离子（Cl^-）、铵根（NH_4^+）、钾离子（K^+）、钙离子（Ca^{2+}）、镁离子（Mg^{2+}）等
在线无机元素分析仪	X射线荧光法	铝（Al）、硅（Si）、钙（Ca）、铁（Fe）、钾（K）、磷（P）、氯（Cl）、锰（Mn）、镍（Ni）、铜（Cu）、锌（Zn）、锗（Ge）等

17.4 研究结果

17.4.1 "哈大绥"区域颗粒物污染现状

2020 年非采暖季,"哈大绥"区域 $PM_{2.5}$ 平均浓度为 15 $\mu g/m^3$,其中哈尔滨 $PM_{2.5}$ 浓度最高也仅为 16 $\mu g/m^3$,大庆和绥化 $PM_{2.5}$ 浓度均为 14 $\mu g/m^3$,远低于《环境空气质量标准》(GB 3095—2012)二级标准限值(35 $\mu g/m^3$);而采暖季,"哈大绥"区域 $PM_{2.5}$ 平均浓度达到 57 $\mu g/m^3$,整体是非采暖季的近 4 倍,其中哈尔滨 $PM_{2.5}$ 浓度最高为 70 $\mu g/m^3$,大庆、绥化 $PM_{2.5}$ 浓度分别为 39 $\mu g/m^3$ 和 61 $\mu g/m^3$,分别为非采暖季的 4.38 倍、2.79 倍和 4.36 倍,且均超过二级标准限值,哈尔滨、大庆和绥化 $PM_{2.5}$ 浓度分别超标 1.00 倍、0.11 倍和 0.74 倍,说明对采暖季燃烧源污染的有效控制仍需加强,因此研究采暖季和非采暖季的颗粒物组分的变化特征,对改善"哈大绥"区域的大气环境质量具有重要意义。

17.4.2 "哈大绥"区域采暖季和非采暖季颗粒物污染特征

(1)哈尔滨

通过分析哈尔滨采暖季和非采暖季 $PM_{2.5}$ 中碳组分、水溶性离子和无机元素占比,判断不同时期 $PM_{2.5}$ 污染特征。由图 17-2 可以看出,采暖季组分中占比排在前三位的依次为有机物($OM=1.2\times OC$)、EC 和 NO_3^-。非采暖季组分中占比排在前三位的依次为 NO_3^-、OM 和无机元素。

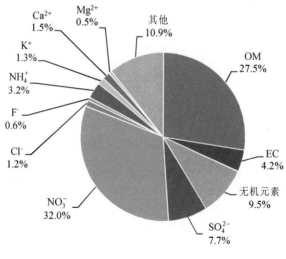

非采暖季

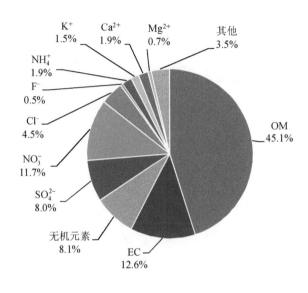

采暖季

图 17-2　哈尔滨采暖季和非采暖季组分占比

采暖季颗粒物组分中 OM 占比达到 45.1%，高于非采暖季 17.6%；EC 占比为 12.6%，高于非采暖季 8.4%；OM 和 EC 占比之和（57.7%）接近 60%，远高于非采暖季 OM 和 EC 占比之和（31.7%）。采暖季所有水溶性离子占比之和（30.7%）低于非采暖季（47.9%），其中采暖季的 NO_3^- 占比（11.7%）与非采暖季（32.0%）相差近 2 倍；两个时期均属于优势离子的 SO_4^{2-}，采暖季占比（8.0%）与非采暖季（7.7%）相差不大；采暖季 NH_4^+ 占比（1.9%）低于非采暖季（3.2%）；采暖季 Cl^- 占比（4.5%）高于非采暖季（1.2%）；其余离子占比较低且在两个时期相差不大。采暖季无机元素占比（8.1%）低于非采暖季（9.5%）。

（2）大庆

通过分析大庆采暖季和非采暖季 $PM_{2.5}$ 中碳组分、水溶性离子和无机元素的占比，判断不同时期 $PM_{2.5}$ 污染特征。由图 17-3 可以看出，采暖季组分中占比排在前三位的依次为 OM、EC 和 NO_3^-。非采暖季组分中占比排在前三位的依次为 NO_3^-、OM 和无机元素。

采暖季颗粒物组分中 OM 占比达到 48.6%，高出非采暖季 19.5%；EC 占比为 10.6%，高于非采暖季 6.5%；OM 和 EC 占比之和（59.2%）接近 60%，远高于非采暖季 OM 和 EC 占比之和（33.2%）。采暖季所有水溶性离子占比之和（26.5%）低于非采暖季（51.0%），相差近 1 倍，其中采暖季的 NO_3^- 占比（9.9%）与非采暖季（35.1%）相差 25.2%；两个时期均属于优势离子的 SO_4^{2-}，采暖季占比（7.3%）与非采暖季（6.7%）相差不大；采暖季 NH_4^+ 占比（2.6%）低于非采暖季（5.2%）；采暖季 Cl– 占比（2.9%）高于非采暖季（0.9%）；其余离子占比较低且在两个时期相差不大。采暖季无机元素占比（7.0%）低于非采暖季（10.2%）。

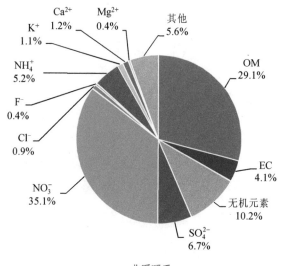

非采暖季

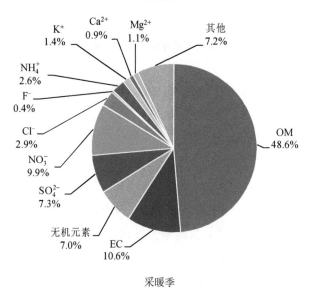

采暖季

图 17-3　大庆采暖季和非采暖季组分占比

（3）绥化

通过分析绥化采暖季和非采暖季 $PM_{2.5}$ 中碳组分、水溶性离子和无机元素占比，判断不同时期 $PM_{2.5}$ 污染特征。由图 17-4 可以看出，采暖季组分中占比排在前三位的依次为 OM、EC 和 NO_3^-。非采暖季组分中占比排在前三位的依次为 NO_3^-、OM 和无机元素。

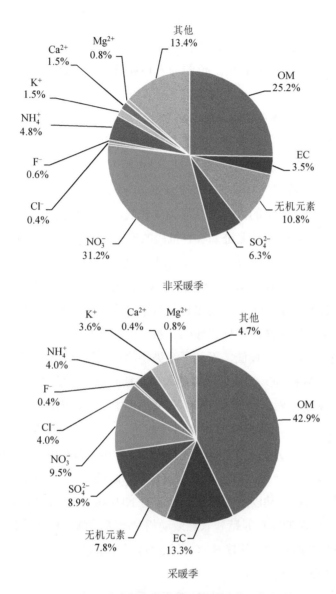

图 17-4　绥化采暖季和非采暖季组分占比

　　采暖季颗粒物组分中 OM 占比达到 42.9%，高出非采暖季 17.7%；EC 占比为 13.3%，高于非采暖季 9.8%；OM 和 EC 占比之和（56.2%）接近 60%，为非采暖季 OM 和 EC 占比之和（28.7%）的 2 倍。采暖季所有水溶性离子占比之和（31.6%）低于非采暖季（47.1%），其中采暖季的 NO_3^- 占比（9.5%）与非采暖季（31.2%）相差 21.7%；两个时期均属于优势离子的 SO_4^{2-}，采暖季占比（8.9%）与非采暖季（6.3%）相差 2.6%；采暖季 NH_4^+ 占比（4.0%）与非采暖季（4.8%）相差不大；采暖季 Cl^- 占比（2.9%）高于非采暖季（0.9%）；其余离子占比较低且在两个时期均相差不大。采暖季无机元素占比（7.8%）低于非采暖季（10.8%）。

通过对比分析哈尔滨、大庆和绥化的采暖季和非采暖季 $PM_{2.5}$ 中碳组分、水溶性离子和无机元素占比变化情况，可以看出，"哈大绥"区域采暖季与非采暖季各组分变化特征基本一致。采暖季组分中占比排在前三位的均为 OM、EC 和 NO_3^-，非采暖季组分中占比排在前三位的均为 NO_3^-、OM 和无机元素。

"哈大绥"区域采暖季颗粒物组分中 OM 和 EC 均占比较大，从来源上看，OM 来源于化石燃料燃烧、机动车尾气、工业生产等直接排放的污染物和有机气体在大气中发生光化学反应生成的二次有机碳。EC 来源于含碳燃料的不完全燃烧，主要是来自燃烧源的直接排放。采暖季 3 个城市气温较低，需全域供热导致燃煤使用量加大，直接造成污染排放量大幅升高；同时采暖季的大气混合层高度较低，容易发生逆温现象致使污染物不易扩散，污染物的逐渐累积也易促进二次有机碳的形成。

"哈大绥"区域采暖季水溶性离子占比之和低于非采暖季，且两个时期 NO_3^- 和 SO_4^{2-} 均属于优势离子，从来源上看，NO_3^- 主要来自 NO_x 在大气中的化学转化，而 NO_x 主要来自机动车尾气的排放和燃煤。SO_4^{2-} 主要来自化石燃料的燃烧以及工业排放产生的 SO_2 化学转化。非采暖季平均气温高，紫外线较强，易发生大气光化学反应，生成粒径较小的二次污染物。采暖季整体气温较低，不利于污染物的二次转化，转化率虽然较低，但由于这一时期大气中 NO_2 和 SO_2 的质量浓度随着采暖期间燃煤源的排放而大量增加，因此 NO_3^- 和 SO_4^{2-} 的质量浓度仍然居所有离子前列。从结果中可以看出，"哈大绥"区域非采暖季 NO_3^- 占比远高于 SO_4^{2-}，而采暖季两者占比相近，主要是因为非采暖季的氮氧化率（NOR）高于硫氧化率（SOR），而采暖季气温较低，导致 NOR 和 SOR 均较低。非采暖季 NH_4^+ 占比高于采暖季，一方面，因为气象条件利于污染物二次转化；另一方面，NH_4^+ 主要来自家禽养殖、农业活动以及工业企业排放的 NH_3 和大气中的硫酸、硝酸及盐酸发生的中和反应，非采暖季的家禽养殖和农业活动相对活跃。采暖季 Cl^- 占比高于非采暖季，主要是因为采暖季燃烧源排放。采暖季 Ca^{2+} 占比低于非采暖季，主要是因为非采暖季扬尘污染，与采暖季相比较为突出。

"哈大绥"区域采暖季无机元素占比略低于非采暖季，从来源上看，非采暖季无机元素主要来自土壤风沙扬尘、机动车尾气和工业排放，采暖季无机元素主要来源于土壤风沙扬尘、燃煤、燃油、机动车尾气和工业排放。其中无机元素中占比较大的为地壳元素，主要来自土壤风沙扬尘，数据统计结果显示，"哈大绥"区域近 3 年的沙尘天气主要集中在非采暖季，说明非采暖季扬尘天气明显多于采暖季。

从图 17-5 和图 17-6 可以看出，哈尔滨、大庆和绥化采暖季和非采暖季各组分的占比相差不大，区域特征明显，因此制定"哈大绥"区域大气污染联防联控的对策和措施势在必行。

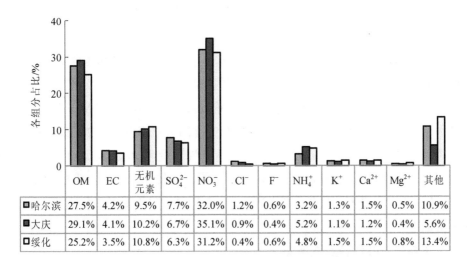

	OM	EC	无机元素	SO_4^{2-}	NO_3^-	Cl^-	F^-	NH_4^+	K^+	Ca^{2+}	Mg^{2+}	其他
哈尔滨	27.5%	4.2%	9.5%	7.7%	32.0%	1.2%	0.6%	3.2%	1.3%	1.5%	0.5%	10.9%
大庆	29.1%	4.1%	10.2%	6.7%	35.1%	0.9%	0.4%	5.2%	1.1%	1.2%	0.4%	5.6%
绥化	25.2%	3.5%	10.8%	6.3%	31.2%	0.4%	0.6%	4.8%	1.5%	1.5%	0.8%	13.4%

图 17-5　"哈大绥"区域非采暖季组分占比

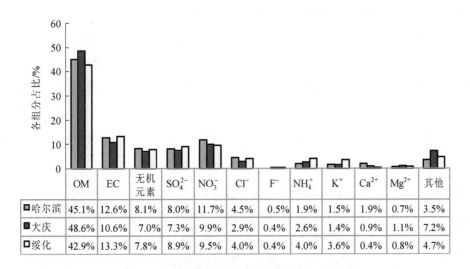

	OM	EC	无机元素	SO_4^{2-}	NO_3^-	Cl^-	F^-	NH_4^+	K^+	Ca^{2+}	Mg^{2+}	其他
哈尔滨	45.1%	12.6%	8.1%	8.0%	11.7%	4.5%	0.5%	1.9%	1.5%	1.9%	0.7%	3.5%
大庆	48.6%	10.6%	7.0%	7.3%	9.9%	2.9%	0.4%	2.6%	1.4%	0.9%	1.1%	7.2%
绥化	42.9%	13.3%	7.8%	8.9%	9.5%	4.0%	0.4%	4.0%	3.6%	0.4%	0.8%	4.7%

图 17-6　"哈大绥"区域采暖季组分占比

17.4.3 "哈大绥"区域重污染期间颗粒物污染特征

2020 年，哈尔滨优良天数比例为 82.8%，同比下降 0.5%。$PM_{2.5}$ 浓度为 47 μg/m³，同比升高 5 μg/m³。大庆优良天数比例为 89.1%，同比下降 1.3%。$PM_{2.5}$ 浓度为 28 μg/m³，同比下降 1 μg/m³。绥化优良天数比例为 85.0%，同比下降 1.5%。$PM_{2.5}$ 浓度为 41 μg/m³，同比升高 5 μg/m³。从优良天数比例和 $PM_{2.5}$ 浓度同比变化来看，哈尔滨、大庆、绥化空气质量均同比变差，其中哈尔滨和绥化变差幅度较大。2020 年，"哈大绥"区域共有 42 天重度及以上污染，占全省重度及以上污染天数的 68.9%，同比增加 5 天，且 42 天的重污染天气均集中在 1 月和 4 月。

从 PM$_{2.5}$ 浓度上看，"哈大绥"区域 1 月和 4 月 PM$_{2.5}$ 浓度之和对全年的 PM$_{2.5}$ 浓度贡献率达到 43.1%，其中哈尔滨、大庆和绥化的贡献率均超过 40%，分别为 43.9%、40.5% 和 44.8%。"哈大绥"区域 1 月和 4 月中 42 天的重度及以上污染天气 PM$_{2.5}$ 浓度对全年 PM$_{2.5}$ 浓度的贡献率达到 24.2%，其中哈尔滨、大庆和绥化的贡献率分别为 29.3%、7.6% 和 30.0%。从数据统计可以看出，重污染天气对全年环境空气质量影响极大。为了更好地说清重污染天气下的污染来源，对颗粒物组分进行了分析，结果显示，污染类型主要分为两类：1 月重污染天气主要受不利气象条件影响；4 月重污染天气主要受部分地区秸秆焚烧影响，具体分析如下。

（1）不利气象条件导致重污染

2020 年 1 月 9—20 日，哈尔滨市连续出现 12 天中度及以上污染，其中包括连续 10 天的重度及以上污染天气，是全年持续时间最长的一次污染过程，因此将此时段作为典型时段对"哈大绥"区域颗粒物组分变化情况进行分析。

通过组分分析结果可以看出（图 17-7～图 17-9），哈尔滨、大庆和绥化自 2020 年 1 月 9 日 0 时开始，组分中 OM、无机元素和 EC 浓度随着 PM$_{2.5}$ 浓度的变化逐渐波动且均排在前三位。水溶性离子组分中浓度较高的离子为 SO$_4^{2-}$ 和 NO$_3^-$，其次为 Cl$^-$，其他离子浓度较低。

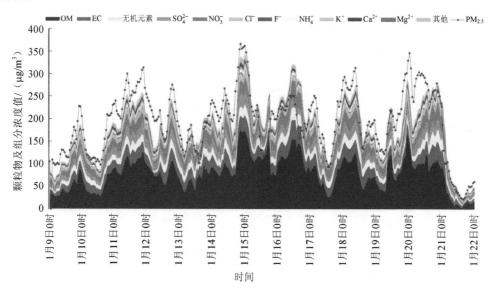

图 17-7　哈尔滨市重污染期间颗粒物及组分浓度变化

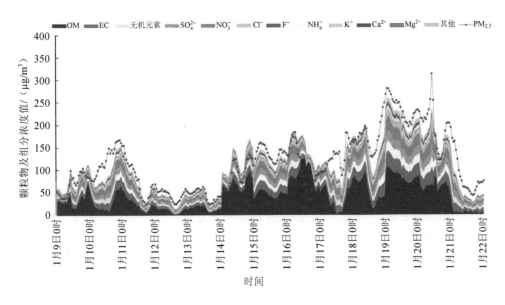

图 17-8　大庆市重污染期间颗粒物及组分浓度变化

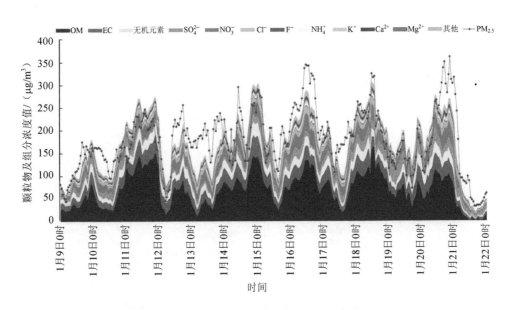

图 17-9　绥化市重污染期间颗粒物及组分浓度变化

通过"哈大绥"区域重污染过程颗粒物和组分浓度变化可以发现，两者浓度变化趋势基本一致。从占比变化来看，碳组分和无机元素占比随颗粒物浓度波动变化不显著，SO_4^{2-} 和 Cl^- 浓度虽然与碳组分相比较低，但占比波动较大，在重污染期（$PM_{2.5}$ 小时浓度大于 150 μg/m³）占比是非重污染期间的 3 倍以上，说明污染来源主要是燃煤源。结合气象条件分析，受省内地形条件影响，1 月地面天气系统中弱高压内的地面均压场或鞍形场出现的概率高达 50%以上。在这种天气系统控制下，污染物水平扩散条件差，同时在高压系统内，夜间地面热量长波辐射损失大，易形成早晚间的逆温现象，不利于污染物垂直方向的扩散。同时较高的相对湿度和弱风速促进了颗粒物吸湿增长，导致污染物在本地累积，污染加剧。

（2）秸秆焚烧导致重污染

2020 年 4 月 17 日—18 日，哈尔滨市全年唯一一次连续两天严重污染天气，其中 18 日空气质量指数"爆表"，AQI 达到 500，17 日也接近"爆表"，AQI 为 498，两天中 $PM_{2.5}$ 小时值最高达到 2 214 $\mu g/m^3$。同时期绥化市更是连续两天空气质量指数"爆表"，两天中 $PM_{2.5}$ 小时值最高达到 1 850 $\mu g/m^3$。因此将此时段作为典型时段对"哈大绥"区域颗粒物组分变化情况进行分析。

通过组分分析结果可以看出（图 17-10～图 17-12），哈尔滨、大庆和绥化自 2020 年 4 月 16 日 18 时开始，组分中 OM、EC 和无机元素浓度随着 $PM_{2.5}$ 浓度的变化逐渐波动，且均排在前三位。水溶性离子组分中浓度较高的离子为 SO_4^{2-} 和 K^+，其次为 NO_3^-，其他离子浓度较低。

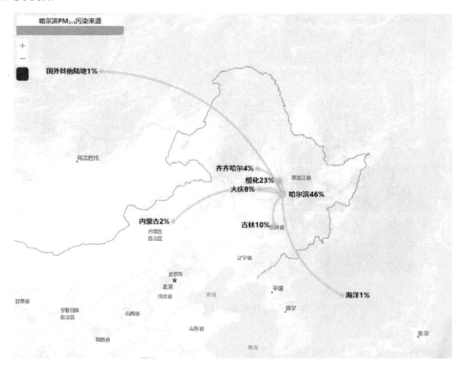

图 17-10　哈尔滨市秸秆焚烧期间颗粒物来源空间模式分析结果

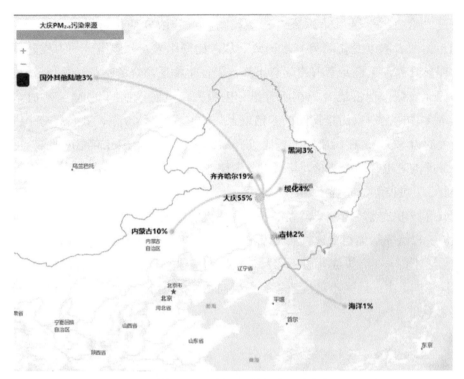

图 17-11 大庆市秸秆焚烧期间颗粒物来源空间模式分析结果

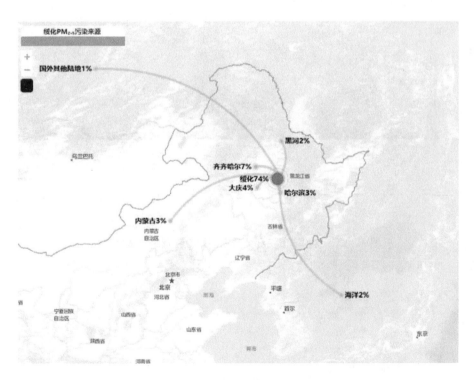

图 17-12 绥化市秸秆焚烧期间颗粒物来源空间模式分析结果

通过"哈大绥"区域重污染过程颗粒物和组分浓度变化可以发现（图 17-13～图 17-15），两者浓度变化趋势基本一致。从占比变化来看，碳组分的占比随颗粒物浓度波动明显升高，无机元素占比略有下降，表征生物质燃烧的特征组分 K^+ 浓度虽然与碳组分相比较低，但占比升幅在所有组分中最大，重污染期间（$PM_{2.5}$ 小时浓度大于 150 $\mu g/m^3$）占比是非重污染期间的 6 倍以上，浓度提升近 60 倍，其余组分中占比升高幅度最大的为 SO_4^{2-}，在污染最严重时仅升高近 3 倍，元素碳升高幅度略低于 SO_4^{2-}，在污染最严重时也升高近 2 倍，其余组分占比变化相对较小，说明污染来源主要是生物质燃烧源。卫星监测结果显示，4 月 17 日—18 日全省南部地区出现大面积火点，"哈大绥"区域等城市火点最为密集，大面积、高强度的露天秸秆焚烧是导致 $PM_{2.5}$ 重污染的主要原因，与组分结果相一致。从气象条件上看，气象条件静稳且存在逆温，污染物扩散能力显著下降，在高排放背景下容易造成浓度快速上升。受西部大陆高压和东部地面低压共同影响，中部地区出现气流辐合与风向切变，扩散条件不利，秸秆焚烧导致颗粒物浓度急剧升高。

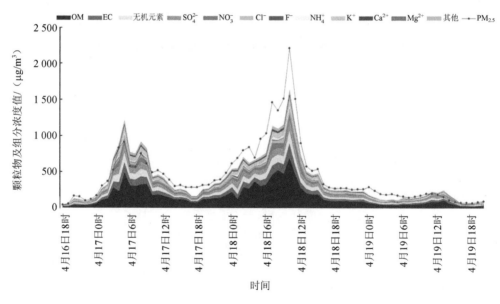

图 17-13　哈尔滨市秸秆焚烧期间颗粒物及组分浓度变化

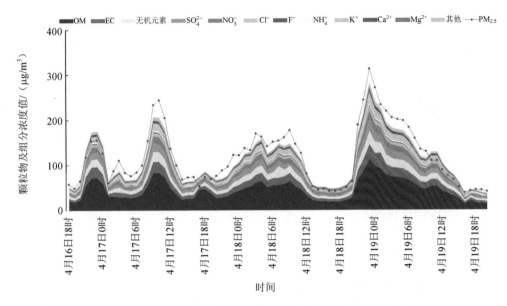

图 17-14　大庆市秸秆焚烧期间颗粒物及组分浓度变化

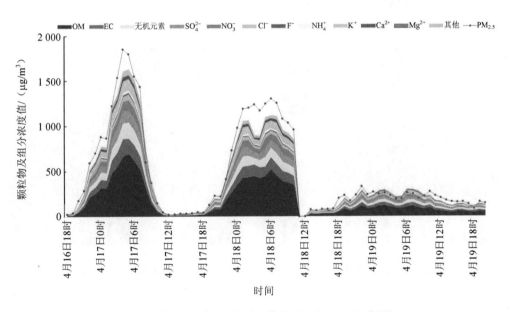

图 17-15　绥化市秸秆焚烧期间颗粒物及组分浓度变化

第十八章 "3·28"伊春鹿鸣矿业尾矿库泄漏事件应急监测

18.1 事件概述

2020年3月28日13时40分左右，伊春鹿鸣矿业有限公司尾矿库发生泄漏事件（图18-1，图18-2），253万 m^3 尾矿砂水泄漏，形成的尾矿浆汹涌而下，迅速灌满下游依吉密河河道和沿岸林地，钼浓度最高超标80.1倍。污水汇入呼兰河后，经295 km将进入松花江干流，再经约700 km将进入中俄界河黑龙江。事件如得不到有效处理，不但会给沿岸居民生产生活带来极大影响，还会在国际上产生一定的负面影响。

图 18-1 溢流井泄漏

图 18-2 河道污染

事件发生后，习近平总书记等党和国家领导人作出重要批示，生态环境部领导同志作出指示要求。生态环境部副部长翟青、黑龙江省副省长徐建国第一时间带队赶赴现场，全省环境监测队伍迅速行动、攻坚克难，按照"测两头、控中间、抓峰值、勘态势"的整体工作思路，实行矩阵式采样管理和驻实验室分析监督员制度，准确捕捉污水团峰值，及时掌握污染物浓度迁移衰减规律，为指挥部决策研判提供了坚实的技术支撑。

4月11日14时，经过14天的昼夜奋战，依吉密河、呼兰河流域水质全线达标，期间共出具了1.5万余个监测数据、1 500余张图表，形成39期应急监测报告。全省监测队伍以"特别能吃苦、特别能战斗、特别能奉献"的环保铁军先锋队精神，打赢了这场污染事件歼灭战，实现了"不让超标污水进入松花江"的预定应急目标，被生态环境部评价为"突发环境事件应对的成功范例"。

18.2 应急监测复盘推演

污染事件发生前依吉密河河道沿岸风光秀丽，河水清澈，是黑龙江主要漂流旅游线路之一；事件发生后对沿岸的生态破坏较严重，沿岸一片狼藉。此次事件与一般的尾矿污水相比，具有泄漏量巨大、治理难度大、污染降解慢、污染范围广 4 个特点。泄漏事件发生后，按照指挥部要求启动二级应急响应，快速开展应急监测，按照重要的监测目标和时间节点，将应急监测过程分为 5 个阶段（图 18-3）。

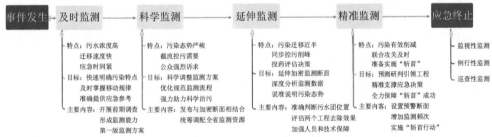

图 18-3 应急监测过程复盘推演

18.2.1 第一阶段

3 月 28—30 日开展及时监测，监测点位如图 18-4 所示。此阶段以快速明确污染特点，及时掌握移动规律，准确提供应急参考为主要目标。

为说清事件污染情况，2020 年 3 月 28 日 19 时对依吉密河的伊春鹿鸣矿业桥、尾矿库、依吉密河水源地、二股 4 个断面进行采样，根据企业环评报告书中的特征污染物，对钼、铜、铅、锌、镉、铁、COD、石油类等 14 个指标进行了监测和排查。29 日凌晨 1 时完成了样品分析并出具监测结果。截至 29 日 23 时，共出具应急监测专报 8 期。根据事件初期一手监测数据，迅速确定了此次事件的主要超标污染物为钼。事件初期现场水质浑浊，主要污染物钼的浓度峰值出现在 29 日 5 时，尾矿库断面钼浓度为 5.68 mg/L，超标 80.1 倍。3 月 28—31 日，指挥部封堵鹿鸣尾矿泄漏源头，在依吉密河实施控制工程，建设 13 条拦截坝，最大限度地阻截了泄漏水下移。

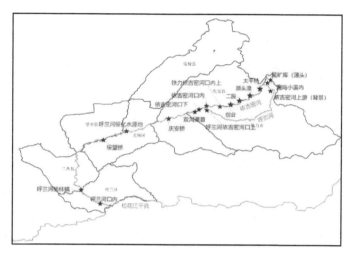

图 18-4   第一阶段监测点位

18.2.2   第二阶段

在 3 月 30—31 日开展了科学监测。本阶段的主要目标是科学调整监测方案，优化规范监测流程，强力助力科学治污。

结合初期应急监测结果，迅速在受纳污染水体依吉密河和下游汇入河流呼兰河、松花江全程布设 13 个重点监控断面。基于环境监测结果，通过现场踏勘和研讨会商，研判事件对水环境等的影响，及时向指挥部提出建议。以"尽可能减小事件对环境影响，保障生态环境安全"为原则，以"源头控制—过程削减—全面净化"为思路，提出"尽快封闭泄漏点，控制污染泥水下泄，开展依吉密河污染控制工程、呼兰河水体净化工程，及时启动污泥清理"等对策建议。

为了确保监测数据的真实性、准确性和高效性，使用在线和便携仪器快速掌握污染物的变化趋势，使用实验室设备精准监测污染物浓度，使用无人机和无人船对污染带前锋进行及时抓取。运用了定位拍照、仪器比对和方法比对、开展 24 项和 109 项全分析评估等多种质控手段对数据进行保障。3 月 31 日 6 时依吉密河口内断面（入呼兰河口内）出现超标，峰值出现在 3 月 31 日 12 时，最高浓度为 1.92 mg/L，超标 26.4 倍。

18.2.3   第三阶段

在 3 月 31 日—4 月 6 日开展了延伸监测。此时污染迁移近半，主要监测目标是延伸加密监测断面、深度分析监测数据、说准说明污染态势，为同步控污削峰和投药评估决策提供科学基础，对监测数据采取实验室方法（电感耦合等离子体质谱法）和便携方法（快速比色法）进行了比对，比对结果见图 18-5。

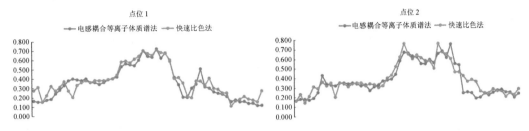

图 18-5 实验室的方法与便携方法比对

本阶段污水团最大峰值出现在 4 月 3 日 20 时入呼兰河 35 km 处，超标 9.79 倍；污水团已下移至入呼兰河 140 km 的绥望桥断面，超标 0.07 倍。在依吉密河建设一号、二号、三号坝（三号坝位于依吉密河口内上游 1 km），开展污水絮凝沉淀，控制污染。为支撑依吉密河污染物控制工程和呼兰河污染物清洁工程，在呼兰河流域增设 12 个加密监测断面，严密监控呼兰河水质；为验证投药效果，在三号坝和二号闸加设性能测试断面，科学分析投药前后污染物钼浓度变化趋势。

采用多种综合分析方法进行论证，实现数据与研判相结合，多样开发表征方式；最终选取时空变化趋势法、峰值时间归一法和时间滚动—数据耦合等方法和模型（图 18-6），精准预测下游断面污染物浓度和持续时间，相互印证预测结果的准确性。

在本阶段，污水团超标持续时间由最初的 116 h 逐渐缩短为 68 h，污水团长度由 110 km 缩短为 45 km，峰值由 0.76 mg/L 削减为 0.2 mg/L，平均削减率为 22.2%。

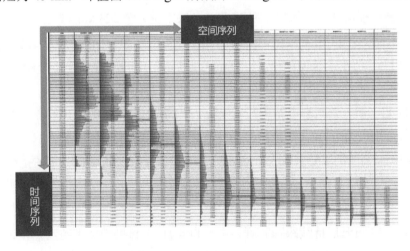

图 18-6 时间滚动-数据耦合模型

18.2.4 第四阶段

在 4 月 6—11 日开展了精准监测。此时污染已得到有效削减，开始实施"斩首行动"，本阶段目标为预测研判引领工程，精准支撑应急决策，全力保障"斩首"成功。

本阶段污水团最高峰值出现在 4 月 7 日 16 时，入呼兰河 140 km 处，超标 1.86 倍，在绥望桥断面下游至兰西水电站开展加密监测，调集人员力量，加强采样和实验室分析管理，严密监视污水团"匪首"的变化情况和控污削峰情况，科学评估清洁工程效果，精准支撑"斩首行动"（图 18-7）。

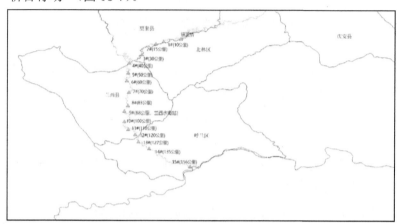

图 18-7　"斩首行动"监测加密点位

工程措施方面，在入呼兰河 140 km 处（绥望桥）开展絮凝沉淀，削减污染峰值，于 4 月 6 日 18 时开始投加聚铁。绥望桥断面（入呼兰河 140 km 处）污水团于 4 月 5 日 23 时到达，实施工程措施后，入呼兰河 140 km（绥望桥）至 223 km（绥望桥下 83 km 处），污水团超标持续时间由 61 h 逐渐缩短为 20 h，峰值由 0.20 mg/L 削减为 0.09 mg/L，平均削减率为 8.1%。污水团长度缩短了 25 km。兰西水电站的上游设置 2 个用于预警兰西水电站污水团过境的预警断面，于 4 月 9 日 18 时集中投药。

4 月 11 日 3 时，兰西水电站（入呼兰河 228 km 处）钼浓度低于标准限值，指示着超标污水团长度削减为 0 km，峰值削减为标准以下，呼兰河全线达标。11 日 14 时，依吉密河 4 个监控断面的钼浓度也均达标。实现了"不让超标污水进入松花江"的应急处置目标。

18.2.5　第五阶段

4 月 11—18 日开展持续跟踪监测。主要为 4 月 11 日撤销加密监测点位，降低 13 个环境质量监测点位监测频次。通过连续监测结果表明污染物浓度显著下降，水质恢复正常。鉴于当时情况已经满足应急终止条件，4 月 18 日 18 时，应急指挥部宣布终止二级应急响应状态。

二级响应结束后，为持续长程有效监控依吉密河、呼兰河流域后续污染治理工作，通过"监视与巡查相结合""自动与手工相结合""无人机与无人船相结合"的方式，形成递进式组合型监测体系。监测结果显示，依吉密河和呼兰河钼浓度持续达到较低水平且无波动变化，松花江干流和黑龙江干流钼浓度稳定处于较低的本底水平。

6 月 16 日起，由监视性监测转为例行和巡查相结合的方式开展监测，同时为了监控降雨和依吉密河 6 次洪峰过境的影响，开展了 5 次巡查监测，结果显示，依吉密河、呼兰河、松花江干流和黑龙江干流钼浓度较稳定且处于较低水平。2021 年 12 月监测结果显示，依吉密河口、呼兰河双河渠首、绥化水源地、呼兰河口内、呼兰河口下、大顶子山、松花江口上和抚远 8 个监测断面钼浓度范围为 0.000 2～0.004 6 mg/L，较标准 0.07 mg/L 低 1～2 个数量级。整个事件应对期间，黑龙江干流钼浓度为 0.000 6～0.001 3 mg/L，松花江干流钼浓度为 0.001 1～0.002 5 mg/L，接近原始本底状况，水质安全稳定。

18.3　存在的问题和应对

18.3.1　初期始发地不具备开展特征污染物钼的监测能力

在接到应急指令后，国家和省内监测工作组第一时间动身赶赴现场；结合企业环评报告和前期监测结果第一时间锁定特征污染物。但是，能否快速形成钼的监测能力成为第一个挑战：特征污染指标钼为非常规监测项目，事发地伊春及下游绥化监测中心均不具备开展此项工作的能力。

为了在最短时间内形成监测能力，省监测中心于 3 月 29 日早上迅速在全省范围内调集钼灯携带乙炔载气赶赴伊春；同时紧急调配一台等离子体质谱仪至绥化，并联系仪器厂家进行安装调试，在 3 月 29 日 20 时两地均及时形成钼的监测能力，为后期应急处置工作奠定基础。

18.3.2　人员不足、设备紧缺、试剂包告急

在应急监测前期，监测工作主要依靠事发地环境监测中心开展，中心全部 22 人连续 72 小时疲劳作战，不堪重负，而且老龄化严重，同时采样人员为了确保样品采集的时效性，连续 8 天吃住在车上。此外，随着监测断面和样品数量的不断增加，钼快速测定仪使用的试剂包严重告急。

（1）紧急调集省内外监测人员、监测仪器支援现场，通过行业与社会相结合的方式，联合开展应急监测。

（2）紧急调配便携仪器使用的试剂包，在江苏等国内试剂包被调配一空后，又联系试剂包供应公司英国总部在全球范围内调集试剂包，第一时间投入使用。实验室监测过程如图 18-8 所示。

图 18-8　实验室监测过程

18.3.3　天气骤变、雨雪交加、采样艰难

天气骤变、雨雪交加、采样艰难。不利气象条件导致气温骤降，雨雪交加，道路泥泞，不但增加了采样难度，而且由于雪天路滑，高速封闭，采集的水样无法送到实验室。

（1）经过多方协调，省高速公路管理处开辟绿色通道确保水样运输，交警昼夜指挥保障通行。

（2）将所有采样车辆紧急调换成四驱越野车，确保采样安全和采样时效。

（3）"人与天斗"的不利局面，没能打倒"特别能吃苦、特别能战斗、特别能奉献"的监测铁军，面对困境，大家凭着"不吃不饿、不睡不困、不休不累"的高昂战斗力和"军令如山"的坚定执行力，圆满完成了采样任务（图18-9）。

图 18-9　现场采样过程

18.3.4　监测频次、分析任务倍增，数据时效性和准确性面临巨大压力

连续监测九天九夜后，在监测人员心理和身体都达到了极限的情况下，依然在绥望桥下每 10 km 设置 1 个监测断面，共增设 15 个加密监测断面，监测频次也从每 2 小时监测 1 次调整为每 1 小时监测 1 次，以保证监测数据的时效性和准确性。

（1）将技术与管理相结合，创新开展矩阵式的采样管理模式：以断面为单位，每个断面设 1 名负责人，4 个采样小组，每个小组两名采样人员，1 台专用车辆，日夜各设两个采样小组，实行"两两对调"，样品流转效率得到有效提高。

（2）建立驻实验室监督员制度，严格数据审核，优化实验室工作流程，实行优先优测、急用急报原则；及时准确支撑工作组和指挥部应急决策。

18.4　探索及建议

在此次事件中，结合应急监测的实际需要，对其中涉及的人员、采样、实验室分析、监测方法和数据分析 5 个方面均进行了深入、有益的探索，为以后的突发事件应急监测提供了良好基础。

根据以上 5 个要素，总结出由"一项原则、四个结合"形成的"五制式"管理模式（图 18-10 和图 18-11）。

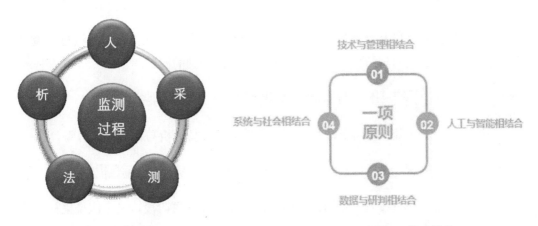

图 18-10　监测五要素　　　　　　图 18-11　"五制式"管理模式

18.4.1　确定一项原则：宁可备而不用，不能用时不备

此次应急监测，共调集监测系统、社会检测机构、仪器厂家等 20 家单位的 110 台车辆、50 余台（套）设备、383 名采样和分析人员，持续支援伊春、绥化、哈尔滨开展应

急监测工作。对于此次应急监测中人员的大量工作及物资的大量使用和消耗，我们深刻认识到，在应急之前必须做好充足准备，人员和设备必须充分保障，宁可备而不用，不能用时不备。

18.4.2 实现技术与管理相结合，切实提高采样分析工作效率

（1）统一采样规范。要求采样人员统一使用经纬相机记录采样位置、时间，规范采样及记录现场信息等。

（2）统一分析方法。由监测指挥部统一实验室分析方法，要求规范前处理过程，选择同一或等效的分析测试方法。

（3）统一数据分析。应急监测指挥部直接指导数据分析和报告编制组工作，统一对外发布口径。

（4）矩阵式采样管理。为保证采样时效，创新实行矩阵式采样管理，将大量采样人员分成若干组，每组设立1名负责人，采样人员"两两一组"分成若干小组，每小组"两两对调"采样，配备1台专用车辆，样品流转效率大幅提高。

（5）驻实验室监督员。建立从进样、分析到数据审核全过程的质量监督，样品从采到测，填写标签必须规范；根据采样时间顺序进行样品分析，若有紧急样品，优先优测；分析结果根据规定时间正常上报，若有紧急样品，急用急报监测结果。

18.4.3 实现人工与智能相结合，充分满足"真准全快"分析要求

采用多种技术手段开展多层次复合监测，坚持便携与手工相结合，在线与实验室相结合，无人机、无人船与地面核查相结合的方式解决遇到的问题。

18.4.4 实现数据与研判相结合，及时助力科学精准治污决策

坚持在用上求实效，坚持监测与治理协同攻关，坚持分析与预测精准研判。

18.4.5 实现系统与社会相结合，共同完善多方参与的监测机制

在应急监测启动阶段，在全国范围内调拨仪器；在处置阶段，又多次调集社会监测力量支援现场。"斩首行动"前，为实现精准治污，在兰西水电站上游布设大量加密断面，为了保证监测工作顺利开展，紧急调集27台车辆、45台（套）设备、84名采样和分析人员参加应急监测工作，顺利完成了监测任务。